WILDE WELPEN & *kleine Jagdnasen*

JAGDHUNDWELPEN IN FAMILIENHAND

(Foto: M. Fischer/Pixelschmiede)

Ines Scheuer-Dinger

WILDE WELPEN & *kleine Jagdnasen*

JAGDHUNDWELPEN IN FAMILIENHAND

CADMOS

Haftungsausschluss:
Autor und Verlag haben den Inhalt dieses Buches mit großer Sorgfalt und nach bestem Wissen und Gewissen zusammengestellt. Für eventuelle Schäden an Mensch und Tier, die als Folge von Handlungen und/oder gefassten Beschlüssen aufgrund der gegebenen Informationen entstehen, kann dennoch keine Haftung übernommen werden.

Gender-Erklärung:
Aus Gründen der besseren Lesbarkeit verzichten wir im Cadmos-Verlag auf die gleichzeitige Verwendung der Sprachformen männlich, weiblich und divers (m/w/d) und wählen jeweils die männliche oder weibliche Form von personenbezogenen Hauptwörtern. Dies soll jedoch keinesfalls eine Geschlechterdiskriminierung oder eine Verletzung des Gleichheitsgrundsatzes zum Ausdruck bringen. Frauen, Männer und Diverse mögen sich von den Inhalten unserer Publikationen gleichermaßen angesprochen fühlen.

IMPRESSUM

CADMOS im CADMOS Verlag

Covergestaltung und Satz: www.cadmos.de
Grafisches Konzept: www.ravenstein2.de

Lektorat: Christa Klus-Neufanger

Umschlagfotos: Shutterstock/Katharina Duewel (U1), Shutterstock/TMArt (U4)

Druck: www.graspo.com

Deutsche Nationalbibliothek – CIP-Einheitsaufnahme
Die Deutsche Nationalbibliothek verzeichnet diese Publikation in der Deutschen Nationalbibliografie; detaillierte bibliografische Daten sind im Internet über http://dnb.ddb.de abrufbar.

Printed in EU

ISBN 978-3-8404-2066-5

INHALT

(Foto: Shutterstock/Kseniaya Resphoto)

INHALT

(Foto: Shutterstock/Kseniaya Resphoto)

VORWORT

Du hast dich für eine kleine Jagdnase entschieden oder vielleicht lebt sogar schon eine bei dir? Dann herzlichen Glückwunsch! Dich erwarten eine sehr aufregende Zeit und die Chance auf eine wunderbare, tiefe Freundschaft mit einem Vierbeiner. Du stehst quasi am Anfang eurer gemeinsamen Reise und bist nun maßgeblich für das Leben dieses kleinen Wesens verantwortlich.

Auf dieser Reise kann es hin und wieder steinig werden, das kann ich schon mal verraten, denn kleine und große (Jagd-)Hunde können einen gehörig auf Trab halten. Auch wenn du von Anfang an alles richtig machen möchtest, wird dich der Vierbeiner sicherlich an deine Grenzen bringen und alle Erwartungen immer wieder über den Haufen werfen. Wenn du dich darauf einlässt, wird dir dieser Welpe sicherlich einiges über dich beibringen.

Eines muss ich schon zu Beginn sagen: (Jagdhund-)Welpen sind keine Knetgummimasse, die man mit der richtigen Erziehung und Konsequenz in die gewünschte Form bringen kann. Sie bringen genetisch fixierte Verhaltensmuster ebenso wie spezielle Bedürfnisse mit, die sich nicht übergehen lassen. Zumindest nicht, wenn man sich einen fröhlichen Begleiter und eine harmonische Beziehung wünscht.

Wer die Bedürfnisse des Hundes kennt und im täglichen Leben berücksichtigt, kann aber aus einem Jagdhund einen entspannten Begleiter machen.

FÜR FINNI, MEIN SEELCHEN

Danke, dass du der allerschlimmste und anstrengendste Welpe warst, den man sich vorstellen kann, und mich dabei gleichzeitig so unfassbar viel über mich und dich und das Leben gelehrt hast.

(Foto: Shutterstock/Zuzule)

JAGDHUNDE IN FAMILIENHAND?

Jagdhunde sind Arbeitshunde. Es war und ist nicht ihr ursprünglicher „Zweck“, den Menschen in allen Lebenslagen zu begleiten, sondern ihn auf der Jagd zu unterstützen. Die Selektion, also das gezielte Verpaaren von Rüde und Hündin mit besonderen Veranlagungen, brachte Nachkommen mit einer enormen Leistungsfähigkeit und jagdlicher Passion hervor. Ziel der Selektion war immer schon, dass der Hund ohne aufwendiges Training seinen Job macht, was auch immer dieser im vielseitigen jagdlichen Feld ist, und das bereits in sehr jungem Alter.

Damit dies funktioniert, braucht es entsprechende Anlagen, die der Vierbeiner bereits mitbringt. Genau das bedeutet, dass auch ohne viel Training bestimmte Verhaltensmuster durch kleinste Reize ausgelöst werden. Das wiederum kann im Alltag mit einer Jagdnase anstrengend sein – beispielsweise wenn man das Jagdverhalten gerade eigentlich nicht brauchen kann –, und zwar für beide Beteiligten: Der Hund, der über Jahrhunderte auf bestimmte Eigenschaften selektiert wurde, wird nicht glücklich werden, wenn er genau diese Eigenschaften nicht ausleben kann. Nicht glücklich heißt: Er wird Frust bekommen, wenn ein bestimmtes Verhaltensmuster ausgelöst wird und er zum Beispiel durch eine Leine daran gehindert wird. Es klingt erst einmal nicht dramatisch, wenn ein Hund ab und an Frust hat. Das haben wir Menschen ja auch. Aber für einen Spezialisten seines (Jagd-)Fachs heißt das, dass als Folge eine Menge Stresshormone ausgeschüttet wird.

Eine besondere Aufgabe

Man kann sich also fragen, warum es denn ein Hund mit ganz besonderen Fähigkeiten sein muss. Grundsätzlich muss zwischen den unterschiedlichen Jagdhundtypen auch noch mal unterschieden werden, denn Jagd ist nicht gleich Jagd. Innerhalb der Selektion hat man sehr unterschiedliche Hundetypen gezüchtet, sodass es bereits seit dem Mittelalter für jede Jagdart einen Spezialisten gibt. Daher gibt es Jagdhundtypen, die sich besser alternativ beschäftigen lassen als andere (mehr dazu auf Seite 21 ff.).

Hast du einen Welpen aus dem Tierschutz ins Auge gefasst, so ist es ebenfalls so, dass

In einem Jagdhundwelpen steckt oft eine Menge „Special Effects". Man sollte gut überlegen, ob und welchen man sich als Begleiter fürs Leben aussucht. (Foto: DBasler)

so ein Hund nur schwer ein jagdliches Zuhause findet, denn er kann im deutschsprachigen Raum kaum jagdlich geführt werden, weil er nicht für entsprechende Prüfungen zugelassen ist. Dennoch kann auch die Haltung eines solchen Hundes sehr herausfordernd sein. Denn wird ein Hund vom Jäger „aussortiert" mit dem „Prädikat" „jagdlich nicht tauglich", heißt das in den allermeisten Fällen nicht, dass der Hund keine Passion für Wild zeigt. Vielmehr kam der Hund wahrscheinlich mit den Bedingungen der Jagd und jagdlichen Ausbildung nicht zurecht. Er war nicht schussfest, überängstlich, überpassioniert (und dann vielleicht gleich zwei Stunden weg), knautschte das Wild beim Apportieren usw. Ein Jagdhund kann in der Arbeit viel falsch machen, und so wird der Hund abgegeben – er ist aber dennoch mit einer hervorragenden jagdlichen Genetik ausgestattet.

Suchst du nach einem Welpen vom Züchter, so solltest du gut überlegen, welche Jagdhundrasse zu deinem Leben passt (mehr dazu ab Seite 21) und welchen Züchter du wählst. Es gibt kaum verantwortungsvolle Jagdhundzüchter, die ihre Hunde in Familienhände abgeben, denn es ist schwierig, einen solchen Welpen mit „Special Effects" ohne wirkliche Arbeit glücklich zu machen. Nicht umsonst ist die Zahl der „Rückläufer“-Welpen und Junghunde bei Jagdhunden besonders hoch. Viele Hundehalter unterschätzen die Herausforderungen im Zusammenleben mit einem so anspruchsvollen Hund. Oftmals preisen sogenannte Hobbyzüchter ihre Hunde als tolle, sportliche Familienhunde an, weil sich gut Geld mit ihnen verdienen lässt. Es werden eigene Vereine gegründet, um solche Hunde mit Papieren auszustatten, aber die wesentlichen Dinge bei der Zucht, wie Gesundheit und Wesensfestigkeit, werden dabei oft vernachlässigt. Ein verantwortungsvoller Jagdhundezüchter wird seine Welpenbesitzer immer auf Herz und Nieren prüfen und genau nachfragen, wie mit der kleinen „Rakete“ später gearbeitet wird.

JEDER JAGDHUND IST ANDERS

Entwickelt sich die Zucht weg von Arbeitsleistung und ursprünglichem jagdlichem Einsatz, gehen daraus oft Hunde hervor, die mit dem (Familien-)Alltag nicht mehr gut zurechtkommen. Denn ein Hund, der eine jagdliche Ausbildung absolviert hat oder im jagdlichen Einsatz steht, muss auch „weiche“ Faktoren mitbringen, die zum Teil mit vererbt werden: Er soll sozial kompatibel sein, er muss mutig sein, darf nicht geräuschempfindlich sein (Prüfung auf Schussfestigkeit), muss auch im jagdlichen Kontext ansprechbar und trainierbar sein (und nicht kopflos, sonst besteht er keine Prüfung). Daheim muss er außerdem schnell zur Ruhe kommen, um für die nächste Jagd aufzutanken … All das sind die positiven Eigenschaften eines Jagdhundes … Fällt diese Selektion weg und wird zum Beispiel nur noch auf Schönheit selektiert und Gesundheitsprüfungen vernachlässigt, besteht die Gefahr, dass nervöse, ängstliche oder überdrehte Hunde und im schlimmsten Fall auch kranke Hunde gezüchtet werden, die weniger gut mit Stress zurechtkommen. Aber egal, ob du deinen kleinen Vierbeiner schon hast oder er erst einzieht: Jeder Hund ist anders, es gibt Jagdhunde, die auch „ohne Job“ zufrieden sind und kaum „Extraprogramm“ brauchen, sie sind gechillt und kommen hervorragend mit dem Leben eines normalen Familienhundes klar – okay, solche Vertreter sind dann doch eher selten, aber es gibt sie! Das sind die, die einem im Gedächtnis bleiben, weil sie vielleicht so schön an einer lockeren Leine durch die Innenstadt stolzieren. Vielleicht hatten sie aber auch am Morgen bereits einen Job bei der Nachsuche …

Und es gibt Jagdhunde, die, obwohl sie eigentlich einer „pflegeleichten Rasse“ angehören, so spezielle Anforderungen an Herrchen und Frauchen stellen, dass sie ohne ein jagdliches Zuhause kaum glücklich werden. Auch innerhalb eines Wurfs gibt es bei den Welpen große Unterschiede im Verhalten und bezüglich ihrer Bedürfnisse. Innerhalb einer Rasse ebenso.

Ein Jagdhund ist glücklich, wenn seine Bedürfnisse aufgegriffen werden, er seine angeborenen Verhaltensmuster ausleben kann und nicht zu oft mit Frust konfrontiert wird. Ob dies möglich ist, hängt also maßgeblich von der Umwelt ab, in der der Hund lebt – beispielsweise wie viele jagdliche Auslösereize dort vorhanden sind –, wie viel

Kapazität, Ressourcen und Bereitschaft der Halter oder die Halterin mitbringen und wie der Alltag dieses Hundes aussieht.

Am Ende stellt sich die Frage: Will ich es als Hundehalter leicht haben? Dann wähle ich eher keine Arbeitshunderasse aus. Will ich es eher schwerer und aufwendiger haben, dann ist der Arbeits- oder Jagdhund die richtige Wahl. Ein Jagdhund ist in den allermeisten Fällen kein Familienhund, der einfach so „mitläuft" und „mitlebt". Training allein wird nicht ausreichend sein, man muss auch ein entsprechendes Umfeld schaffen und genügend Zeit für Beschäftigung einplanen. Vor allem sollte man immer bereit sein, die Bedürfnisse des Hundes wahrzunehmen. Andernfalls entwickeln solche Hunde Zwangsstörungen, zeigen vermehrt Angst- und Aggressionsverhalten oder werden krank.

Es gibt dennoch einige Gründe, die für die Wahl eines Jagdhundes auch in Nichtjägerhand sprechen: Viele Jagdhunde eignen sich

Apportieren steckt vielen Retrievern in den Genen. (Foto: Shutterstock/otsphoto)

Tipp: Genau hinsehen

Bei der Auswahl der passenden Rasse oder Mischung solltest du genau hinsehen, ob die typischen Rasseeigenschaften deines neuen Begleiters grundsätzlich in dein Umfeld und zu deinen Lebensbedingungen passen und ob du bereit bist, deinen Lebensstil auch auf die Bedürfnisse der Jagdnase auszurichten. Und auch wenn du sorgfältig auswählst und gut abwägst: Sei darauf gefasst, dass deine Erwartungen nicht erfüllt werden. Wenn es schwierig wird, such dir entsprechende Unterstützung bei ganzheitlich arbeitenden Trainern, denn ein Blick von außen kann mit ein paar kleinen Veränderungen schon große Fortschritte mit sich bringen. Und ein ernst gemeinter Hinweis: Rechne mit dem Schlimmsten, dann kannst du dich freuen, wenn es einfach so flutscht.

Zu einer guten Bindung gehört es, die Bedürfnisse des Gegenübers zu akzeptieren und im Training aufzugreifen. (Foto: Shutterstock/Vane Nunes)

hervorragend für den „Hundesport", zum Beispiel für CaniCross oder Dummysport oder auch für die Rettungshundearbeit. Hier können sie auch einen Großteil ihrer Anlagen jenseits eines jagdlichen Umfelds ausleben und damit ausgeglichen und zufrieden sein.

Erwartungen und Realität

Wenn du deine Jagdnase bereits bei dir zu Hause hast, wird es sicherlich viele Gründe geben, warum du dich gerade für diesen Hund entschieden hast, warum es diese Hunderasse, dieser Hundetyp und dieses Individuum wurde. Der Entschluss ist immer verbunden mit Erwartungen: Oft bekommt ein Welpe auch schon vom Züchter oder von der Tierschutzorganisation bestimmte Eigenschaften zugesprochen. Nicht selten heißt es dann: „Das ist ein tougher Kerl ...", oder: „Die ist eine Draufgängerin ..." Bitte bedenke, dass sich diese Aussagen auf Situationen im vorherigen Umfeld bezogen und dein Welpe in einem neuen Umfeld ganz anders reagieren kann. Etiketten vernebeln uns oft die Sicht, und wir interpretieren Körpersprache und Situation aus diesem Kontext anders und vielleicht sogar falsch. Wenn du dir unsicher bist, lohnt es sich auch hier, professionelle Unterstützung in Anspruch zu nehmen.

Jeder Hundehalter hat eine Vorstellung, wie das Leben mit seinem Begleiter aussehen soll, und das ist auch gut so. Allerdings müssen wir immer abwägen, ob unsere Erwartungen an die Jagdnase auch realistisch sind und wir dabei die Bedürfnisse des Vierbeiners nicht übergehen. Studiert man Rassebeschreibungen, so wird man schnell merken, dass dort fast ausschließlich positive und nützliche Eigenschaften aufgezählt werden. So bedeuten Attribute wie „lernt schnell" zum einen, dass es sicherlich nicht lange braucht, diesem Hund etwas Neues beizubringen. Zeitgleich bedeutet es auch, dass sich der Hund schnell selbst etwas beibringt – zum Beispiel auf die Küchenablage zu hopsen ...

Kleine Jagdhunde lernen schnell. Im Idealfall das, was wir uns vorstellen. (Foto: DBasler)

Auch das Attribut „sensibel", das uns einen sanftmütigen und einfühlsamen Charakter verspricht, heißt zeitgleich auch, dass der Hund schnell von Veränderungen im Alltag beeindruckt, vielleicht sogar verängstigt ist und der Mensch hier Rücksicht nehmen sollte. Die Eigenschaft „lebhaft" klingt ebenfalls sehr positiv, aber wer möchte um fünf Uhr früh oder im Restaurant einen lebhaften, agilen Hund?

Auch einen sportlichen und bewegungsfreudigen Hund wünschen sich wohl die meisten Hundehalter, denn wer möchte schon einen Hund, der sich auf der Bergwanderung nach 100 Höhenmetern auf den Boden legt und streikt? Oft wird dabei aber vergessen, dass Jagdhunde in einem Umfeld, in dem es viele Wildgerüche gibt (und die gibt es für einen Nasenspezialisten so gut wie überall), schnell in genetisch fixierte Verhaltensmuster verfallen. Und das auch an der Leine ... Die sportliche Passion des Hundes kippt also sehr schnell in jagdsportliche Passion. Das bringt jede Menge Frust auf beiden Seiten der Leine. Jede Rassebeschreibung sollte deshalb immer genau und kritisch gelesen werden.

FRUSTRATIONEN VORBEUGEN

Die meisten Jagdhundehalter ohne Jagdschein holen sich einen Jagdhund in ihr Leben, weil sie gern und lange in der Natur unterwegs sind. Hier prallen Erwartungen und Realität dann oft aufeinander. Mit einem Jagdhund längere Zeit in einem jagdlich stimulierenden Umfeld unterwegs zu sein und ihn dann – sei es mit einer Leine oder durch Verbote – von seinem genetisch so wichtigen Verhalten abzuhalten, kann einen passionierten Hund überfordern und frustrieren. Hier sollte man ein Auge auf den Hund haben und schauen, wann der Hund überfordert oder überreizt ist. Ansonsten fliegen dir diese „Special Effects", die der Hund mitbringt, um die Ohren und eine Reihe von weiteren Verhaltensproblemen ist vorprogrammiert.

Für alle Jagdhunde gilt darüber hinaus: Jede Form von Stress wirkt sich auf das Jagdverhalten aus! Das Verhaltenselement, das besonders selektiert wurde, wird in stressigen und aufregenden Situationen noch verstärkt. Das heißt, dass vieles, was der kleine oder große Jagdhund an Verhalten zeigt, wie schlechte Leinenführigkeit (siehe Seite 118 f.) oder das Aufsammeln und Fressen von Dingen (Selektion von Packen, als Abwandlung von Apportieren), nicht nur an mangelndem Training hängt, sondern auch durch Stress immens verstärkt wird.

Das Umfeld, in dem der Hund lebt, sollte also möglichst stress- und frustarm sein. Es ist die Verantwortung des Jagdhundehalters, ein entsprechendes Umfeld zu schaffen. Die ursprüngliche Selektion war darauf ausgelegt, dass sie in inaktiven Zeiten von Reizen abgeschottet waren. Die Zwingerhaltung mit Artgenossen, auch wenn sie sicherlich fragwürdig ist, war die Haltungsform, bei der diese Hunde zuverlässig zur Ruhe kommen konnten. In einem turbulenten Familienalltag ist dies für viele Vierbeiner schwierig, und Stress ist vorprogrammiert. Auch aus diesem Grund muss auf ausreichend Ruhe geachtet werden.

Die gute Wahl

Du solltest den Züchter deiner Wahl auf Herz und Nieren prüfen und dir seine Hunde genau ansehen. Ebenso wird ein verantwortungsvoller Züchter dich und das neue Lebensumfeld des Welpen genau unter die Lupe nehmen. Auf folgende Punkte solltest du vor allem achten:

- In jedem Fall sollte der Züchter die vom VDH (Verband für das Deutsche Hundewesen) vorgeschriebenen Gesundheitsprüfungen mit beiden Elterntieren durchgeführt haben.
- Die Welpen sollten beim Züchter in der Familie aufwachsen. Der Züchter hat nur einen Wurf gleichzeitig und kümmert sich darum, dass die Welpen bereits angemessen mit Umweltreizen vertraut gemacht werden.
- Die Mutterhündin sollte entspannt und freundlich wirken. Der Züchter sollte empathisch und freundlich mit seinen Hunden umgehen. Zudem sollte er dir ein realistisches Bild der entsprechenden Hunderasse vermitteln und keine rosarote Brille tragen. Für den richtigen Züchter muss man oft mehrere 100 Kilometer fahren und dies im Idealfall mehrmals, um die Hunde kennenzulernen.
- Auf keinen Fall solltest du Welpen bei einschlägigen Verkaufsportalen oder Hundehändlern kaufen! Sie werden zum Teil in Welpenfabriken unter fürchterlichen Bedingungen im Ausland geboren. Sie bringen deshalb meist leider auch eine Vielzahl an Gesundheits- und Verhaltensproblemen mit. Diese Tierquälerei darf man nicht unterstützen, auch wenn die Welpen noch so süß und hilflos sind.
- Informiere dich, inwiefern die Welpen schon jagdlich geprägt wurden: Jagdhundrassen, die laut Zuchtordnung eine Arbeitsprüfung brauchen, bei denen also keine reinen Showlinien gezüchtet werden, sind für Nichtjäger nicht nur aufgrund ihrer Anlagen ungeeignet, denn die Züchter beginnen bereits die Welpen an unterschiedliche Wildarten zu gewöhnen, damit diese passioniert und ohne Scheu am Wild agieren. Zur genetischen Passion kommen hier zusätzliche Lernerfahrungen, die das Training für einen Nichtjäger noch einmal erschweren.

Als Jagdhund in Familienhand eignen sich also nur Rassen, die bereits seit Jahren innerhalb des Dachverbands für Hundezucht auch Showlinien aufweisen. Hierbei wird zwar der Phänotyp des Hundes weitergezüchtet, aber keine Selektion mehr auf jagdliche Passion und Wildschärfe gelegt. Die Kehrseite der Medaille habe ich schon beschrieben: Wird nur auf Schönheit selektiert, ist keine Aussage über Trainierbarkeit und Wesensfestigkeit möglich.

Gerade unter den Vorstehhunden, die eigentlich innerhalb des offiziellen Zuchtverbands aus gutem Grund fast nur an Jäger oder in Diensthände (Polizei, hauptamtliche Rettungshundestaffeln) abgegeben werden, entwickelte sich in den letzten Jahren eine Flut an unseriösen Züchtern, die Jagdhunde an Nichtjäger verkaufen. Das Verkaufsargument dieser „Liebhaberzuchten“: Die Eltern-

Jeder Welpe bringt ein genetisches Erbe mit in seine neue Familie. Dieses muss man erst einmal kennenlernen! (Foto: Shutterstock/Kimberly Petts)

tiere würden ja nicht jagdlich geführt oder seien nicht jagdlich passioniert und somit die Welpen die perfekten, sportlichen Familienhunde. Diese Argumentation ist nicht haltbar: Jagdliche Passion kann eine Generation oder ein Individuum überspringen, aber bei einem entsprechenden genetischen Erbe kann diese eben auch bei den Welpen wieder ausgeprägt vorhanden sein. Ebenso bringen die Vierbeiner trotzdem ein hohes Erregungsniveau mit und sind anspruchsvoll im Umgang. Auch die eigentlich vorgeschriebenen Gesundheitsprüfungen und die Überprüfung auf Inzucht fehlen oft. Hier ist also Vorsicht geboten, denn leider landen viele Vertreter wieder in Tierheimen, weil die Züchter die zukünftigen Besitzer nicht ausreichend aufgeklärt haben.

(Foto: Shutterstock/Minko Peev)

KLEINER JAGDHUND, GROSSE FÄHIGKEITEN

In jedem kleinen Welpen schlummert ein großes genetisches Erbe, und jeder Hundehalter sollte wissen, was dieses Erbe für den Alltag bedeuten kann. Jagdverhalten ist biologisch gesehen eine Verhaltenskette: Ein Wolf oder ein Wildhund, der Beute zum Überleben machen möchte, startet mit dem sogenannten **Orientierungsverhalten**. Der Canide hat den inneren Antrieb loszulaufen, um nach einem Auslöser zu suchen. Hat er bei seinem Streifzug Wild geortet, wird er es als Nächstes **fixieren** – also kurz innehalten und mit seinen Sinnen genauer fokussieren. Nach dem **Fixieren** wird er sich an die Beute anschleichen. Ist er nahe genug an der Beute, wird er **hetzen**, dann **packen**, **töten**, **zerlegen** und das Tier **fressen**. Diese einzelnen Sequenzen laufen nacheinander ab, während das Erregungsniveau und alle damit verbundenen Hormone immer weiter bis zum Töten ansteigen.

Erst durch das Zerlegen und Fressen sinkt das Erregungsniveau wieder und die Jagdverhaltenskette wird so abgeschlossen. Diese ursprüngliche Form der Jagdverhaltenskette tritt bei unseren Haushunden in unterschiedlichen Ausprägungen auf. Bei den Jagdhunden wurden je nach Einsatz bestimmte Verhaltensweisen dieser Kette noch stärker herausgezüchtet, um bei den jeweiligen Jagdarten den Menschen bestens zu unterstützen. Allen Jagdhelfern wurde dabei das Verhaltenselement „Fressen" weggezüchtet, denn man wollte keine Hunde, die mit dem Jäger in Konkurrenz stehen. Auch heute ist das Anfressen der Beute in Prüfungen noch ein Grund zum Zuchtausschluss. Der Antrieb, jagen zu gehen, ist also nicht von Hunger gesteuert, sondern jedes Element der Kette ist extrem selbstbelohnend für den Hund, auch wenn er keine Beute macht.

Jagdhundrassen

Die unterschiedlichen Jagdhundrassen, die wir im deutschsprachigen und europäischen Raum kennen, werden schon seit Hunderten von Jahren gezüchtet. Stets wurden die Besten der Besten des jeweiligen Fachs miteinander verpaart.

Heraus kam eine große Diversität an Hunderassen mit sehr unterschiedlichem Jagdverhalten und sehr unterschiedlichem

FCI-Gliederung der Hunderassen

Die FCI – der internationale kynologische Dachverband – teilt die Jagdrassen nach folgenden Kategorien auf:

- *Gruppe 3: Terrier wie Deutscher Jagdterrier, Parson Russell Terrier*
- *Gruppe 4: Dachshunde, z. B. Rauhaardackel*
- *Gruppe 5: Hunde vom Urtyp: Podenco ibicenco, Akita*
- *Gruppe 6: Laufhunde und Schweißhunde: Foxhound, Bracken, Beagle, Bayerischer Gebirgsschweißhund, aber auch Rhodesian Ridgeback und Dalmatiner*
- *Gruppe 7: Vorstehhunde: Setter, Pointer, Vizsla, Bretone, Weimaraner, Deutsch Kurzhaar, Münsterländer*
- *Gruppe 8: Apportierhunde, Stöberhunde und Wasserhunde: Retriever und Spaniel, Wachtelhund, Barbet und Lagotto*
- *Gruppe 10: Windhunde: Irischer Wolfshund, Whippet, Galgo*

Die vorgestellten Rassen sind nur ein Ausschnitt aus den unterschiedlichen Jagdhundetypen und Rassen. Nicht alle sind im deutschsprachigen Raum jagdlich relevant. Einige werden hierzulande gar nicht zur Jagd eingesetzt. Dennoch haben alle eine jagdliche Selektion durchlaufen und tragen ein entsprechendes Erbe mit sich.

Phänotyp – vom Kaninchendackel bis hin zum Deerhound unterscheiden sich die Jagdhunderassen sehr deutlich.

VORSTEHHUNDE

➡ **Ursprünglicher Einsatz:** Große Feld- oder auch Waldflächen nach Niederwild (Fasan, Hase, Kaninchen) absuchen, das versteckte oder sich duckende Wild dem Jäger durch Vorstehen – still stehen und eine Pfote anheben – anzeigen. Wir müssen hier zwischen den britischen Vorstehhunden und den deutschen Vorstehhunden deutlich unterscheiden: Setter und Pointer sind wahre Spezialisten ihres Fachs mit einer großräumigen, schnellen Suche und festem Vorstehen im Feld. Die deutschen Vorstehhunde werden schon seit Jahren als Vollgebrauchshund eingesetzt und dementsprechend selektiert. Sie sollen nicht nur im Feld ihre Arbeit leisten, sondern alle anfallenden Arbeiten im Revier erledigen, von der Nachsuche auf der Spur bis zur Wasserarbeit.

➡ **Diese Verhaltenselemente wurden selektiert:**

- Orientieren: Große Kreise im Galopp rennen, großer Radius
- Fixieren: Stehen bleiben, wenn Geruch in die Nase kommt oder der Hund etwas Beuteartiges sieht
- Beschleichen: Anpirschen an die Beute. Bei den deutschen Vollgebrauchshunden sind außerdem noch zusätzlich Hetzen, Packen und Töten Teil der Aufgabe.

➡ **Das kann auf mich zukommen:** Gerade beim Setter und Pointer musst du damit rechnen, dass dieser Hund einen großen Radius hat und seine Komfortgeschwindigkeit Galopp ist. Entspanntes Spazierengehen an der Leine mit dem Menschen gehört nicht zu den Dingen, die bei diesen Hunden einprogrammiert sind. Leinenführigkeit wird trotz Training immer schwerfallen. Die Vertreter sind häufig schon im Welpenalter von den Außenreizen und Einschränkungen durch die Leine so überfordert, dass sie nicht gut ansprechbar sind und auch kein Futter nehmen können. Ein hohes Erregungsniveau bringen sie bereits von Welpenbeinen an mit. Oftmals sind übrigens Vorstehhunde, die eher auf der Jagd auf kleines Wild und Federwild eingesetzt wurden, auch Hunde, die eher ängstlich reagieren und leicht hemmbar sind. Je mehr Wildschärfe mitselektiert wurde, desto weniger lassen sich die Hunde beeindrucken. Zu Hause sind Vorstehhunde häufig anhänglich, deshalb kann Alleinsein oft ein Problem bei diesen Hundetypen sein.

Viele deutsche Vorstehhunderassen, allen voran der Weimaraner, bringen zusätzlich, weil sie als Försterhunde auch vor Wilderern schützen sollten, eine sogenannte Mannschärfe mit. Das heißt, sie können Fremden gegenüber eher misstrauisch sein und verteidigen ihren Besitzer auch. Wenn die Hunde nicht von Anfang an gute Erfahrungen auch mit fremden Menschen machen, kann dies im Alltag zu einem echten Problem führen.

➡ **Eignung als Familienhund:** Aufgrund ihres großen (Freilauf-)Bedürfnisses in Kombination mit einem großen Radius sind viele dieser Hunde oft schwer zufriedenzustellen. Während die ausländischen Vorsteher noch weniger Wild- und Mannschärfe besitzen, sollten die deutschen Vorstehhunde nur in erfahrene Jägerhände vermittelt werden, damit sie ihren Anlagen nachgehen können.

Schon kleine Setter haben einen großen Radius. (Foto: Shutterstock/Edgar G. Biehle)

STÖBERHUNDE

➡ **Ursprünglicher Einsatz:** Niederwild aus dichterem Bewuchs und Deckung selbstständig und weiträumig aufzustöbern.

➡ **Diese Verhaltenselemente wurden selektiert:** Orientierungsverhalten; Hetzen, Packen

➡ **Das kann auf mich zukommen:** Stöberhunden ist Bewegung, genau wie den Vorstehhunden, immens wichtig! Meistens

Bereits junge Spaniels sind oft voller Energie und möchten entsprechend beschäftigt und ausgelastet werden. (Foto: Shutterstock/crazy Alex.de GmbH)

haben sie etwas kürzere Beine als die Vorsteher und sind deshalb nicht ganz so schnell, aber in Sachen schlechter Leinenführigkeit stehen sie ihren Rassekollegen in nichts nach. Auch bei ihnen geht die Aufregung schnell in die Beine. Es sind ebenso leicht erregbare Hunde, bei denen man in Entspannungstraining investieren muss. Da sie im jagdlichen Einsatz beim Stöbern und Verfolgen Spurlaut geben sollen, also auf der frischen Spur bellen sollen, kann diese Eigenschaft auch im Alltag präsent sein, da sie sich eventuell schneller durch Bellen mitteilen.

➡ **Eignung als Familienhund:** Bei einigen Spanielarten, wie zum Beispiel dem Cockerspaniel, gibt es Showlinien, die sich bei entsprechender Beschäftigung als Familienhunde durchaus wohlfühlen.

SCHWEISSHUNDE

➡ **Ursprünglicher Einsatz:** Schweißhunde suchen angeschossenes oder verletztes Wild (Jägersprache Schweiß = Blut). Mit ihrer feinen Nase folgen sie der Wundfährte und bringen den Jäger am langen Riemen zum verletzten Tier (Nachsuche).

➡ **Diese Verhaltenselemente wurden selektiert:** Hetzen, Packen

➡ **Das kann auf mich zukommen:** Schweißhunde sind Spezialisten ihres Fachs und in Nichtjägerhand kaum glücklich zu machen. Die Nachsuche findet zwar zunächst an der Leine statt, dennoch muss der Schweißhund, wenn er innerhalb der Nachsuche geschnallt (also abgeleint) wird, so scharf hetzen, dass sich das Wild stellt

Schweißhunde stellen spezielle Anforderungen an den Halter. (Foto: Shutterstock/Steve Horsley)

bzw. er es auch greifen und packen kann. Wildschärfe, gepaart mit einem unbändigen Finderwillen, kann den Alltag für Mensch und Hund anstrengend machen. Zwar sieht man Vertreter dieser Rassen außerhalb der Jagd häufiger in den Händen von Mantrailern, was ihrem ursprünglichen Einsatz wohl am Nächsten kommt, da sie aber Fremden gegenüber häufig eher reserviert sind, erschwert das die Arbeit in diesem Bereich, ebenso das Handling im Alltag. Auch hier ist zu bedenken, dass diese Hunde wirklich täglich und nicht nur einmal pro Woche in Sachen Spur beschäftigt werden sollten.

➡ **Eignung als Familienhund:** Schweißhunde werden von verantwortungsvollen Züchtern innerhalb des VDHs nur an Jäger mit eigenem Revier abgegeben, die auch entsprechende Nachsuchen nachweisen können. Sie sind in nichtprofessionellen Händen absolut falsch aufgehoben.

ERDHUNDE

➡ **Ursprünglicher Einsatz:** Terrier und Dackel (auch Teckel genannt) werden ursprünglich zur Baujagd auf Dachs und Fuchs unter der Erde eingesetzt, aber auch zum Stöbern auf Drückjagden eignen sie sich aufgrund ihres Lauts (Spurlaut) und ihrer selbstständigen Arbeitsweise gut.

➡ **Diese Verhaltenselemente wurden selektiert:** Orientieren, Hetzen, Packen

➡ **Das kann auf mich zukommen:** Erdhunde sind sehr eigenständig. Weil sie auf wehrhafte Wildtiere selektiert wurden, sind

Dackel sehen süß aus, haben aber einen eigenen Kopf. (Foto: Shutterstock/kallevalkama)

sie äußerst mutig und lassen sich nicht leicht hemmen. Auf hohem Erregungsniveau wird das Packen schneller ausgelöst. Diese Hunde lieben Zerrspiele, fahren dabei aber auch schnell sehr hoch. Auch Ressourcenverteidigung ist bei diesen Typen häufig anzutreffen. Hier sollte bereits im Welpenalter fair und freundlich gearbeitet werden. Die Selektion auf Spurlaut bringt auch im Alltag mehr Lautäußerungen mit sich.

➡ **Eignung als Familienhund:** Bei den unterschiedlichen Dackel- und Terrierarten gibt es bereits seit vielen Jahren Showlinien ohne Arbeitsprüfungen. Diese Hunde können bei entsprechender Beschäftigung und achtsamem Umgang auch in Nichtjägerhänden glücklich werden.

JAGENDE HUNDE/BRACKEN

➡ **Ursprünglicher Einsatz:** Parforcejagd, Treibjagd und Riemenarbeit (Nachsuche). Diese Hunde sollen eigenständig und weiträumig Wild aufspüren und laut verfolgen.

➡ **Diese Verhaltenselemente wurden selektiert:** Orientieren, Hetzen, Packen

➡ **Das kann auf mich zukommen:** Bra-

Bracken sind menschenbezogen. Sie brauchen aber eine jagdliche Aufgabe, um ein glückliches und ausgefülltes Leben zu führen. (Foto: Shutterstock/michaelstephan-fotografie)

cken sind häufig aufgrund ihres freundlichen, anhänglichen Wesens sehr beliebt, das ändert sich aber, sobald der Mensch mit dem Hund draußen unterwegs ist. Sie sind draußen schnell in ihrer eigenen (jagdlichen) Welt und für Interaktion mit dem Menschen dann nur wenig zu begeistern. Auch die Wildschärfe dieser Hunde ist im Alltag oft schwer zu handeln. Aufgrund ihres sensiblen Wesens schlägt sich jede Form von Stress auf eine noch schlechtere Ansprechbarkeit draußen nieder.

➡ **Eignung als Familienhund:** Aufgrund der speziellen Bedürfnisse sind sie im Nichtjägerhaushalt kaum glücklich zu machen. Lediglich den Beagle – aus einer Showlinie stammend – kann man mit entsprechender Beschäftigung (!) auch in einem nichtjagdlichen Zuhause gut integrieren.

Retrievern liegt von Anfang an das Apportieren im Blut. (Foto: Shutterstock/belefront)

APPORTIERHUNDE

➡ **Ursprünglicher Einsatz:** Sie werden überwiegend nach dem Schuss zum Apportieren von Federwild im Feld und vor allem auch im Wasser eingesetzt.

➡ **Diese Verhaltenselemente wurden selektiert:** Orientieren, Hetzen, Packen

➡ **Das kann auf mich zukommen:** Auch wenn Apportierhunde – allen voran der Golden Retriever und der Labrador Retriever – eigentlich als gute Familienhunde gelten und mit Dummytraining und unterschiedlichen Suchaufgaben relativ einfach alternativ zu beschäftigen sind, kann es zu Problemen kommen, wenn Bedürfnisse nicht befriedigt werden und die Haltungs- und Lebensbedingungen nicht passen. Die Vierbeiner werden bei mangelnder Beschäftigung, aber auch bei Überforderung und Stress im Alltag zu wahren Müllschluckern, daheim und unterwegs. Dinge in den Mund zu nehmen und auch zu schlucken ist ein Erbe ihrer Genetik. Auch die Selektion auf Sozialverträglichkeit, die auf Treibjagden mit mehreren Hunden eine gute Eigenschaft ist, kann im Alltag, wenn der junge Hund zu jedem anderen Hund strebt, herausfordernd sein.

➡ **Eignung als Familienhund:** Die Hunde, die bereits seit mehreren Generationen als Showlinie gezüchtet werden, eignen sich als Familienhunde in Nichtjägerhand. Dennoch brauchen sie entsprechend Beschäftigung und Abwechslung. Hier gibt es innerhalb der Retriever große Unterschiede im jagdlichen Interesse – Beutegreifer bleiben sie allemal.

(Foto: Shutterstock/Leoniekvander Vliet)

DER GUTE START

Zieht ein Welpe ein, ist die erste Zeit vergleichbar mit der Phase, wenn ein Baby in die Familie kommt: Ein Welpe beansprucht fast alle Ressourcen des Menschen. Der kleine Hund braucht all unsere Aufmerksamkeit, kann noch nicht allein bleiben, ist nicht stubenrein und muss gleichzeitig vor Reizüberflutung beschützt werden. Zeitgleich ist es unsere Aufgabe, ihn aufmerksam zu beobachten, angenehme Lernbedingungen zu schaffen und darauf zu achten, dass er nicht überfordert wird.

Und sicher wird dieses kleine Wesen trotzdem seine Geschäfte auch mal drinnen erledigen, den Teppich oder das Sofa ankauen, über Tische und Bänke gehen und vor allem heftig in Hände und Füße beißen. Die Zeit ist also anstrengend für frischgebackene menschliche Hundeeltern – ein Welpe läuft nicht „nebenher"!

Ungeteilte Aufmerksamkeit

Für die erste Zeit solltest du dir (oder jemand aus der Familie) freinehmen, damit der Welpe nicht allein bleiben muss und immer jemand ein Auge auf ihn hat. Zwar schlafen Welpen viel, wie kleine Kinder, aber eben nur selten zu planbaren Zeiten. Für alle Beteiligten ist es also wichtig, in den ersten Wochen genug Zeit für den Welpen einzuplanen. Du solltest außerdem bedenken, dass du den Welpen die erste Zeit nicht, auch keine Viertelstunde, allein lassen kannst. Denn wenn er sich noch nicht allein zu entspannen vermag, kann man mit nur drei Minuten Alleinsein einiges kaputt machen und den Grundstein für ein Trennungsstressproblem legen. Überlege dir also einen Plan für die Betreuung des Welpen, auch für den Fall, dass irgendetwas Unplanbares passiert.

In den ersten Tagen solltest du das Ruhebedürfnis deines Welpen im Auge behalten und deinen Rhythmus dem des Welpen anpassen. Im Gegensatz zu Menschen haben Hunde über den Tag verteilt mehrere Schlaf- und Wachphasen. Gerade wenn sich der Welpe stark an seiner neuen Bezugsperson orientiert, wird er neugierig schauen, was diese so den ganzen Tag treibt, und dabei seine Schlafphasen vergessen. Aber ein Welpenzwerg, der zu wenig Schlaf bekommt, wird schnell zum Gremlin. Plane also genügend Zeit ein, in der du deinem

Welpen hilfst, zur Ruhe zu kommen, und in der du auch gemeinsam mit deinem Welpen entspannst (oder ruhig am PC sitzt). Ist die Familie den ganzen Tag auf Achse und wuselt im Haus herum, entspannt ein Welpenzwerg definitiv zu wenig!

Große Ausflüge, Familienfeiern und Urlaub sollten in den ersten Tagen, in denen dein Welpe sich an die neuen Abläufe gewöhnen soll, nicht geplant werden. Später gilt: Alles Neue wohl dosieren! Acht Stunden lauter Kindergeburtstag sind für einen Welpen sicherlich zu viel. Aber ein, zwei Stunden auf einem Familienfest, gut geleitet von seinem Menschen und unterstützt durch Entspannungsutensilien, Kauartikel und eine vertraute Decke, sollten kein Problem sein.

Auch wenn das anstrengend klingt: Alles, was du in die erste Zeit investierst, macht dir später das Zusammenleben mit deiner Jagdnase leichter.

Gut vorbereitet

Bevor dein Welpe einzieht, solltest du deine Wohnung welpensicher machen. Denn Welpen kommen auf Ideen, auf die du selbst nicht kommst. Potenzielle Gefahren sollten deshalb im Vorhinein beseitigt werden.

- Bringe (Gift-)Pflanzen und leicht erreichbare Kabel in Sicherheit. Wertvolle Möbelstücke sollten ebenfalls weggeräumt oder abgegrenzt werden.
- Treppen oder große Stufen sollten mit einem Gitter gesichert werden. Alles, was für ein Baby oder Kleinkind interessant oder gefährlich wäre, könnte auch ins Visier eines Welpen geraten – nur dass der Welpe spitze Zähne hat im Gegensatz zum Baby. Reinigungs- und Waschmittel, Seifen, Zahncreme (Vorsicht vor Xylit) etc. sollten sicher weggepackt werden, ebenso alle Lebensmittel.
- Welpen haben eine orale Phase (siehe auch Seite 79 ff.) und nehmen alles, was sie finden, ins Maul. Bemerkt ein Welpe, dass der Mensch gern etwas aus seinem Besitz haben möchte, wird er diese Dinge gegebenenfalls schnell abschlucken oder fressen. Das heißt: Alle Kleinteile bitte aus Welpenreichweite bringen!
- Auch auf den Bodenbelag sollten frischgebackene Welpenbesitzer ein Auge haben. Wertvolle Teppiche sollten vor Hinterlassenschaften und Welpenzähnchen geschützt oder gleich weggeräumt werden. Allerdings sollte der Welpe auch nicht dauerhaft auf glatten, rutschigen Böden laufen. Das ist für die Gelenke im Wachstum äußerst ungesund und erhöht die Verletzungsgefahr deutlich.
- Wo der Welpe um Ecken läuft oder springt (was er so selten wie nötig tun sollte), ist es sinnvoll, einen rutschfesten Teppich auszulegen.
- Dass der Welpe sich nicht allein im Garten aufhalten sollte, sollte selbstverständlich sein. Trotzdem muss dieser Bereich eingezäunt sein. Gefährliches wie Düngemittel oder Grillanzünder wird weggeräumt, und alles, woran sich der Welpe in seinen wilden fünf Minuten verletzen könnte, sollte entfernt werden.

Ein gut sitzendes Brustgeschirr gehört zwingend zu der Grundausstattung dazu. (Foto: Ines Scheuer-Dinger)

WAS DIE JAGDNASE ALLES BRAUCHT

Wie ein Menschenbaby braucht auch ein Welpe eine Erstausstattung, wenn er bei dir einziehen soll. Und natürlich braucht er auch einen Namen – mehr dazu auf Seite 112.

Futter: Du solltest normalerweise das Futter, das der Zwerg in seinem vorherigen Zuhause bekommen hat, weiterfüttern, bis er sich eingewöhnt hat. Dann kannst du immer noch entscheiden, ob du das Futter wechselst oder beibehältst. Wenn dein Welpe Trockenfutter bekommt, kannst du die Pellets zunächst auch als Leckerchen benutzen.

Geschirr: In der Vorstellung vieler Menschen kommen Hunde leinenführig zur Welt. Für einen Welpen ist es aber nicht normal, durch eine Leine mit einem Menschen verbunden zu sein. Zug erzeugt Gegenzug, und viele Welpen ziehen und zerren zu Beginn heftig an der Leine, weil sie nicht gelernt haben, dass das gemeinsame Laufen sich lohnt. Der Hals ist ein sehr empfindlicher Bereich. Hat ein Welpe ein Halsband um und erkundet so seine neue Umwelt, ist das Ziehen ein latenter Stressor. Der kleine Hund nimmt die Umwelt also eher negativ wahr, vor allem, wenn er erschrickt. Es ist also sinnvoll, den Welpen an einem gut sitzenden Brustgeschirr zu führen statt an einem Halsband. Ein Geschirr sollte deshalb zur Standardausstattung jedes Hundekindes gehören, und wahrscheinlich wird es nicht bei einem bleiben.

Das Geschirr sollte ein sogenanntes Führgeschirr sein und einen Steg zwischen den

Tipp: Geschirr anziehen

Achte beim Anziehen des Geschirrs bitte darauf, dass der Welpe zum einen seinen Kopf selbstständig durchstecken kann, indem du ihn mit einem Leckerchen durchlockst, zum anderen, dass du dich dabei nicht über den Hund beugst. Am besten, du setzt dich zum Anlegen auf den Boden. Viele Jagdhunde fangen sonst schnell an, das Geschirr zu meiden.

Vorderbeinen sowie einen Rückensteg haben. Sogenannte Norwegergeschirre oder Sattelgeschirre, die quer über die Brust gehen, sind nicht geeignet, da sie die Bewegung der Schultern einschränken. Achte außerdem darauf, dass der Brustgurt weder zu nah an den Achseln sitzt, denn das reibt schnell, noch hinter dem letzten Rippenbogen endet. Die Gurte sollten so breit sein, dass sie nicht einschneiden, aber auch so schmal, dass der Welpe sich noch gut bewegen kann.

Es lohnt sich, am Geschirr Adresse und/ oder Telefonnummer zu befestigen. Dieses mit Name und Telefonnummer bestickte Überzieherchen aus Nylon bringt man auf dem Rückensteg des Geschirrs so an, dass die Kontaktdaten gut lesbar sind. Der Vorteil gegenüber klimpernden Hundemarken oder kleinen Adresshülsen besteht darin, dass man die Kontaktdaten des Besitzers auch dann lesen kann, wenn sich der Hund nicht anfassen lässt, weil er vielleicht in Panik oder verletzt ist.

Die Leine: Die Leine ist ein Sicherheitsanker, die vor allem verhindern soll, dass dem Welpen etwas passiert, er beispielsweise auf die Straße rennt oder in Panik irgendwo verloren geht. Eine allein reicht nicht aus, man sollte mehrere situationsbedingt einsetzen.

- Für den Alltag hat sich eine schmale, drei Meter lange Leine ohne Verstellmöglichkeiten oder Ringe aus Fettleder oder Biothane bewährt. Je kleiner der Welpe, desto leichter sollte die Leine sein. Dennoch sollte sie gut in der Hand liegen. Eine leichte Drei-Meter-Leine lässt sich schnell kurz nehmen, sollte das zum Beispiel an der Straße nötig sein. Gleichzeitig kann der Welpe bei dieser Länge auch in ruhigen Gebieten problemlos die Umgebung erkunden.
- Je nach Aktivitätslevel und Größe des Welpen ist eine sehr leichte Schleppleine mit fünf bis zehn Metern ebenfalls sinnvoll.
- Wo es möglich ist, kann man schon erste Schritte im Freilauf üben. Dafür macht es Sinn, eine leichte, dünne Reepschnur mit etwa drei Meter Länge und einem kleinen Karabiner zu besorgen. Ich nenne sie immer das „Welpenschnürchen". Dieses wird für den Freilauf am Welpen befestigt und schleift hinterher. So hast du immer Einwirkmöglichkeit, sollte etwas Unvorhersehbares passieren. Du kannst das Schnürchen aufnehmen, ohne dich auf den Welpen stürzen zu müssen. Und du kannst das Schnürchen frühzeitig aufnehmen, wenn du von Weitem siehst, dass ein Hund oder ein Mensch entgegenkommen. Aber Achtung: Nutze das Welpenschnürchen nur dort, wo der Hund nicht hängen bleiben oder sich verletzen kann, und steige niemals einfach drauf! In

Passende Ausrüstung ist ein wichtiger Baustein im Training. (Foto: Shutterstock/Rhys Leonard)

manchen Situationen kann es durchaus hilfreich sein, ein kurzes Welpenschnürchen im Haus zu benutzen, um den Hund ohne großes körperliches Einwirken zu stoppen, wenn er etwa auf die offene Spülmaschine oder den Mülleimer zusteuert.

- Bei allen weiteren Leinen entscheiden individuelle Vorlieben. Einzig kurze schmale Retrieverleinen (bei denen Halsband und Leine in einem Stück sind) gehören noch nicht an Welpenhälse, sie schränken den Welpen bei entspannter Erkundung ein, die dünne Schnur schneidet schnell ein. Auch eine Roll- oder Flexileine ist nicht die beste Wahl. Der Welpe lernt so, durch Ziehen voranzukommen.
- Die Wahl der Leine muss immer an die jeweilige Umgebung und den Hund angepasst werden. Lange Leinen dürfen, egal ob beim Welpen oder beim erwachsenen Hund, ausnahmslos nur am gut sitzenden Brustgeschirr festgemacht werden und niemals am Halsband!

Tipp: Mit GPS immer im Blick

Eine sinnvolle Investition kann ein kleines GPS-Ortungsgerät sein, das mit dem Smartphone vernetzt ist. Sollte der Hund erschrecken und in Panik davonrennen, die Leine reißen oder der Hund in einem unachtsamen Moment abhauen, lässt er sich orten. Das GPS-Gerät soll natürlich kein „Freilaufschein" sein, aber für Notfälle ist es eine sinnvolle Investition. Diese Geräte sind klein und mittlerweile recht günstig.

BESCHÄFTIGUNGSSPIELZEUG UND KAUARTIKEL

Als Besitzer eines „wilden" Welpen solltest du in ausreichend Beschäftigungsspielzeuge investieren. Welpen haben ein großes Kaubedürfnis. Damit sie es nicht an Möbeln und Teppichen ausleben, solltest du adäquaten Ersatz parat haben.

- Kaffeeholz und Kauwurzeln sind sinnvoll, damit der Welpe nagen und kauen kann. Das Material splittert nicht und bricht nicht in Stücke.
- Auch eine Schleckmatte solltest du dir besorgen, denn dein Welpe kann sich damit ruhig beschäftigen. Du kannst sie im Auto, im Garten oder auch auf Picknickfahrten (siehe Seite 91 ff.) nutzen.
- Genauso sollte ein Kong oder ein befüllbares Spielzeug wie der West Paw Toppl® oder andere stabile Kauspielzeuge, die man befüllen kann, auf der Einkaufsliste stehen.

Bereits der Welpe kann sich durch sie einen Teil seines Futters auf unterschiedliche Weise erarbeiten. Gerade für überdrehte Welpen ist das eine Möglichkeit, etwas zu entspannen und sich zu beschäftigen. Schleckmatten und Kauspielzeuge lassen sich mit Leberwurst, Hüttenkäse oder Dosenfutter füllen und bei Bedarf im Sommer einfrieren.
Gut verträgliche Kauartikel aus getrocknetem Fleisch oder Haut darf der Welpe ebenfalls ausprobieren. Achte darauf, dass die Kauartikel nicht chemisch behandelt wurden. Viele günstige Produkte stammen aus China und sind mit Pestiziden verseucht. Achte also immer auf Qualität und Verträglichkeit und achte bei neuen Produkten, wie sie deinem Hund bekommen..
Gib deinem Welpen grundsätzlich keine Stücke, die er im Ganzen schlucken könnte, sondern nur ausreichend große Kauartikel. Am besten tauschst du das letzte Stück, bei dem Abschluckgefahr besteht, gegen etwas Leckeres ein (siehe Seite 76). Achte bei der Auswahl der Kauartikel zudem darauf, zwei bis drei Proteinquellen wie Strauß, Ziege oder Pferd auszuklammern, damit du bei einer Futterallergie darauf zurückgreifen kannst.

Sichere Welpenzone

Da Jagdhundwelpen oft heftige Zerstörungsphasen haben, ist es von Vorteil, wenn der Welpe in einen sicheren Bereich gebracht werden kann, ohne ihn sozial zu separieren. Hierzu kann man einen Teil der Wohnung, in dem sich die Bezugspersonen überwiegend aufhalten, mit einem stabilen, frei stehenden Gitter abgrenzen. Diese Zone soll kein Straflager, sondern ein Bereich sein, in dem sich der Welpe gern aufhält, wo er aber weder sich noch Mitbewohner verletzen kann. In diesem Bereich sollte der Welpe ein angenehmes Bettchen, einen Wassernapf und Kauartikel bzw. Spielzeug wie Knotenseil oder Torgas-Kauwurzel haben, mit denen er sich ruhig beschäftigen kann. Außerdem sollte der Untergrund rutschfest sein, damit der Welpe, wenn er seine fünf Minuten hat, nicht ausrutschen und sich

Es ist wichtig, dass der Welpe in seiner Sicherheitszone gut entspannen kann. (Foto: Shutterstock/ZikG)

nicht verletzen kann. Dieser Bereich sollte im Alltag offen stehen und die Bezugspersonen sollten sich dort immer mal wieder mit dem Hund aufhalten. Ist diese Zone positiv verknüpft, kann das Gitter auch mal geschlossen werden, sofern sich die Menschen in der Nähe aufhalten.

In der Wohnung solltest du Bereiche, die für deinen Welpen nicht erlaubt sind, zunächst mit Kindergittern abgrenzen. So ist das Abgrenzen deutlich einfacher, als den Welpen immer wieder aus dem Zimmer zu holen. Die meisten Hunde haben dann auch erwachsen kein großes Interesse, diese Zimmer zu betreten. Auch hier müssen Barrieren behutsam eingeführt werden – es wäre kontraproduktiv, einen Welpen wegzusperren, denn Trennungsstress und Barrierefrust wären vorprogrammiert. Jedes Zurücknehmen, auch an den Barrieren, sollte belohnt werden. Hier hat es sich bewährt, dass man in der Nähe der Barrieren welpensicher eine Dose mit Leckerchen platziert, aus der man den Welpen belohnt, wenn er ruhig, mit allen vier Füßen auf dem Boden wartet.

Da es im Welpenalltag viel zu trainieren gibt, macht es Sinn, Prioritäten zu setzen und bestimmte Dinge vorerst über Management und nicht über Training zu lösen. Wer also Probleme zunächst unkompliziert über ein Gitter lösen kann, sollte das nutzen.

Schlaf ist wichtig für die Gehirnentwicklung eines Welpen. (Foto: Shutterstock/Maria Maj)

SCHLAFPLATZ UND BETTCHEN

Bei der Wahl des Schlafplatzes sind die Bedürfnisse von kleinen Jagdnasen ganz unterschiedlich. Einige mögen es warm und weich, andere eher glatte, kühle Oberflächen. Meist lieben es die kurzhaarigen Vertreter dick gepolstert. Auch Höhlen sind bei vielen Jagdhunden sehr beliebt. Bedenke, dass dein Welpe noch in der oralen Phase ist und das Bettchen jederzeit einem Frustanfall zum Opfer fallen kann. Kaufe also fürs Erste nicht das allerteuerste Welpenbettchen. Dafür ist noch genug Zeit, wenn dein Hund mit dem Zahnwechsel durch ist.

Platziere das Bettchen so, dass der Welpe gut zur Ruhe kommen, aber trotzdem bei seiner Familie sein kann. Bestenfalls hat der Welpe in der Wohnung mehrere Plätze. Für alle Familienmitglieder – vor allem aber für Kinder – gilt: Liegt der Hund auf seinem Platz und ruht, wird er niemals gestört. Er wird dort auch nicht gestreichelt, nicht gerufen, nicht gefüttert!

Sinnvoll ist es, auch in der sicheren Welpenzone (siehe Seite 34) eine Box als Schlafplatz einzurichten. So schlägst du zwei Fliegen mit einer Klappe: Du wertest den sicheren Bereich auf und zeitgleich auch die Box, die du dann später im Urlaub oder –

möglichst baugleich – beim Autofahren verwenden kannst. Hier ersparst du dir auf jeden Fall Eingewöhnungszeit.

- Lass die Box offen, sodass der Welpe jederzeit nach Belieben rein und raus kann, und lege ein weiches, angenehmes Kissen in die Box.
- Um die Box aufzuwerten, kannst du immer mal wieder Leckerchen in die Box hineinwerfen oder deinem Welpen dort Kauartikel geben. Auch gemeinsame Kuscheleinheiten sollten an der Box regelmäßig stattfinden.
- Ebenso kannst du deinem Welpen darin ab und an sein Futter geben.
- Die erste Zeit bleibt die Box immer offen. Nach ein paar Wochen kannst du die Box, während der Welpe frisst oder etwas kaut, auch mal minutenweise zumachen. Du bleibst bitte in der Zeit, in der die Box geschlossen ist, bei deinem Welpen sitzen. Langsam weitest du dann diese Phasen aus.
- Zusätzlich legst du den Welpen immer in die Box, wenn er müde ist. So wird diese Box zu einem Ort, der mit Entspannung und nicht mit Frust verknüpft ist. Es ist hilfreich, hier Zeit und Mühe zu investieren. Wenn der Hund die Box gerne annimmt und, auch wenn sie geschlossen ist, problemlos darin entspannt, kann man sie wunderbar zu Familienfeiern oder ins Hotel mitnehmen. Ein weiterer Vorteil, wenn der Welpe bereits das Entspannen in der Box gelernt hat: Die Gewöhnung an eine Autobox geht dann viel, viel schneller und stressfreier. Manche Welpen schlafen auch gern nachts in der Box. Wenn dein Welpe müde ist und die Box kein Problem darstellt, kannst du den Zwerg auch nachts in die Box legen und neben dein Bett stellen, so merkst du schnell, wenn er unruhig wird, und kannst sofort reagieren.

Grundsätzlich gilt aber: Der Welpe und auch der erwachsene Hund sollten niemals regelmäßig für längere Zeit darin eingesperrt werden. Zum Alleinbleiben oder als Dauermaßnahme sind Hundeboxen nicht geeignet.

ENTSPANNUNGSUTENSILIEN

Dass kleine und große Jagdnasen schnell mal auf 200 sind, hast du vielleicht schon an deinem Welpen gemerkt oder vorab gelesen. Ein Hund mit viel PS kann Unterstützung brauchen, um erregungstechnisch wieder herunterzufahren. Hierbei hilft die sogenannte konditionierte Entspannung (siehe Seite 96 ff.). Es lohnt sich hier, frühzeitig zu beginnen, denn so hat man bereits nach den ers-

Tipp: Registrieren nicht vergessen!

Was du außerdem nicht vergessen solltest:

- *Melde deinen Hund bei der Gemeinde an.*
- *Registriere die Chipnummer bei Tasso (www.tasso.net).*
- *Schließe eine Hundehaftpflicht ab.*
- *Überlege, ob du eine Hundekrankenversicherung oder eine OP-Versicherung für deinen Hund abschließen möchtest.*

> *Tipp: Gelassen bleiben*
>
> *Krokodils- und Känguruphasen (dazu mehr Seite 65 f. und 72 f.) sind in den ersten Tagen vorprogrammiert und ganz normal. Bedenke immer: Dein Welpe ist ein Baby, das gerade all seine Bindungspartner verloren hat. Er tut nichts, um Grenzen in der Familie auszutesten oder um den Menschen zu manipulieren!*

ten Tagen ein wertvolles Tool an der Hand, mit dem man den zum Krokodil mutierten Welpen wieder etwas beruhigen kann.

Um konditionierte Entspannungstools aufzubauen, eignet sich auch der „Relaxopet", ein kleiner akkubetriebener Lautsprecher, der zum einen Ultraschalltöne abspielt, die nur für Hunde hörbar sind, zum anderen aber auch Entspannungsmusik, die für den Menschen hörbar ist. Darüber hinaus ist es sinnvoll, dass du dir einen Entspannungsduft besorgst und eine eigene Decke oder leichte Matte für das Entspannungstraining reservierst.

Die ersten Tage

Die ersten Tage und Wochen prägen die Beziehung zwischen dir und deinem Welpen maßgeblich. Genau deswegen ist es wichtig, sich über diese Zeit besonders viele Gedanken zu machen und sie sorgfältig zu planen.

Idealerweise hast du deine Jagdnase beim Züchter oder in seiner Pflegefamilie schon kennenlernen dürfen. Vielleicht konntest du dort auch eine Decke, ein T-Shirt oder einen Pullover lassen, sodass dein zukünftiger Mitbewohner deinen Geruch schon kennt. Liegt diese Decke oder dieses Kleidungsstück längere Zeit bei den Welpen und der Mama, kannst du es bei der Abholung wieder mitnehmen. Der Welpe hat bei der Heimfahrt im Auto einen vertrauten Geruch in der Nase, so fällt ihm der Abschied nicht ganz so schwer. Auch Futter und Wasser solltest du idealerweise vom Züchter mitbekommen. Der Wechsel in eine neue Umgebung und der Verlust aller Bindungspartner sind für den kleinen Vierbeiner sehr stressig. Einige Welpen reagieren in diesen Tagen deshalb mit Durchfall. Eine Futterumstellung kann somit noch mehr Stress bedeuten. Es macht also Sinn, das bekannte Futter weiterzufüttern. Auch beim Wasser sind viele Welpen wählerisch, und hier kann man zumindest für den ersten Tag mit „vertrautem" Wasser vorsorgen.

GUT DAHEIM ANKOMMEN

Für die Heimfahrt sollte genügend Zeit eingeräumt werden und man sollte zwingend mit einer Begleitperson fahren. Ein Welpe, der gerade all seine Bindungen verloren hat und das Autofahren noch nicht oder wenig kennt, wird nicht allein entspannt im Kofferraum eines Kombis fahren können. Auch allein angeschnallt auf der Rückbank zu sitzen, kann stressig für den Zwerg sein, denn ein Welpe kennt es nicht, angeleint und fixiert zu sein. Meist ist die beste Variante eine fixierte Box auf der Rückbank, neben die sich die neue Bezugsperson setzt. So kann man den Welpen beruhigen, zur Not auf den Schoß nehmen oder eine Hand in die Box halten. Der Welpe sollte zwei Stunden vor der Heimfahrt nichts gefressen haben, damit es ihm nicht schlecht wird. Bedenke auch, dass du bei einer längeren Fahrt Pipipausen einlegen musst. Diese sollten nicht an die Raststätte verlegt werden, wo es laut ist, Müll rumliegt und viele Menschen unterwegs sind. Besser eignet sich eine ruhige Stelle, wo der Welpe an langer Leine erkunden und sich lösen kann. Lass dem Welpen dabei Zeit, bleibe länger an einer Stelle und warte ab, statt hin und her zu laufen.

Im neuen Zuhause angekommen, gib dem Welpen Zeit, in Ruhe sein neues Zuhause zu erforschen. Je nachdem, wie mutig und fit der Welpe ist, lass ihn zunächst die Zimmer im Haus erkunden, wo er sich tagsüber und nachts hauptsächlich aufhalten wird. Er muss am ersten Tag noch nicht gleich das ganze Haus oder die ganze Wohnung kennenlernen. Am ersten Tag sollten nur die wichtigsten Bezugspersonen anwesend sein und nicht die ganze Großfamilie. Zu viele neue Situationen überfordern den Kleinen schnell. Auch wenn andere Haustiere wie Katzen oder Kleintiere im Haushalt wohnen, muss der Welpe diese nicht am Tag seines Einzugs kennenlernen, denn meist ist sein Köpfchen ohnehin schon voll und nicht mehr aufnahmefähig.

Plane genau, was in den ersten Tagen passieren soll. Nur wenn der Kleine genügend Ruhe hatte, ausgeschlafen ist und alle Bedürfnisse erfüllt sind, wird er lernen können, neue Dinge aufnehmen und positiv abspeichern zu können. Er muss sich auf

Welpen haben ein großes Kau- und Spielbedürfnis. (Foto: Shutterstock/Aleksandra_Iarosh)

Es ist wichtig, bei Beiß- und Schnapp-Phasen gelassen zu bleiben. (Foto: Shutterstock/Inna Skaldutska)

Menschen einlassen, deren Körpersprache lernen und Bindung zu ihnen aufbauen. Er muss sein neues Zuhause kennenlernen, dort gibt es neue Gerüche, neue Geräusche, neue Abläufe, neue Löseplätze, neue Futterplätze und so viel mehr. Da ist Feuerwerk im Welpenhirn angesagt!

WO DER WELPE SCHLAFEN SOLL

Ein Welpe sollte nachts nicht allein schlafen müssen. Er ist seit Geburt an gewöhnt, mit Körperkontakt bei seinen Geschwistern oder seiner Mama zu liegen. In freier Wildbahn würde ein Canide in diesem Alter sehr wahrscheinlich nicht überleben. Allein gelassen werden kann für einen Welpen sehr traumatisch sein. Deswegen sollte der Hund die Möglichkeit haben, in der Nähe seiner Bezugspersonen zu sein. Auch für die Stubenreinheit ist dies natürlich wichtig, denn man merkt schnell, wenn er unruhig wird und sich lösen muss.

Überlege schon im Vorhinein, wo der Hund in Zukunft nachts schlafen soll. Will man den Hund partout nicht im Schlafzimmer haben, so sollte man die erste Zeit beim Welpen im vorgesehenen Zimmer schlafen. Später ist es sinnvoll, ein Kindergitter vor

Der Welpe muss sich sicher und geborgen fühlen, um richtig entspannen zu können – gerne auch auf dem Sofa mit dem Besitzer. (Foto: Shutterstock/sandra.zivkovic)

dem Schlafzimmer zu installieren. So hört der junge Hund seine Menschen und kann besser entspannen, und auch der Mensch hört den Hund, wenn er unruhig wird.

Lässt du deinen Welpen gleich im Schlafzimmer schlafen, solltest du vorher entscheiden, ob er unter deine Bettdecke schlüpfen darf oder nicht. Gerade die kurzhaarigen Jagdnasen finden das warme weiche Bett und das Kontaktliegen mit dem Menschen äußerst verführerisch. Es wird später schwierig bis unmöglich, den kleinen, dann großen Hund wieder auszuquartieren. Ich habe Kundenhunde im Training, die sich nachts, wenn die Besitzer schlafen, heimlich unter die Decke schmuggeln. Die kurzhaarigen Vorstehhunde wie Weimaraner, Vizsla, Pointer und Deutsch Kurzhaar, aber auch viele Windhunde sind da ganz weit vorn mit dabei. Sollte man den Hund allerdings nicht im Bett wollen, hilft es nur, ihn konsequent und freundlich immer wieder ins eigene Bett zu bringen – und das möglichst ohne viel Bohei, auch wenn der Zwerg um vier, fünf oder sechs Uhr morgens „anfragt". Oder aber der Schlafplatz des Welpen wird so gewählt, dass er nicht ins Bett kann, zum Beispiel abgetrennt durch ein Gitter. Eine weitere Möglichkeit ist es, den Welpen nachts in einer ausreichend großen Box schlafen zu lassen und diese neben das Bett zu stellen. Da kann man mit der Hand runterfassen, wenn er unruhig wird.

Wer aber auch den großen Hund noch im Bett haben möchte, dem sei das erlaubt. Du musst keine Angst haben, dass dein Hund das Kommando an sich reißen möchte, wie es so einige veraltete Rangtheorien immer noch behaupten. Ob ein Hund also aufs Sofa oder ins Bett darf, kann jeder für sich entscheiden. Je entspannter der Welpe schläft und je besser er zur Ruhe kommt, desto besser kann er über den Tag die Reize verarbeiten, die auf ihn einprasseln.

Wird dein Welpe nachts wach und muss raus, gestalte den Pipiausflug möglichst unspektakulär. Kleine Jagdnasen lernen nämlich schnell, dass der Mensch beispielsweise mit ihnen rausgeht, wenn man aufwacht und ein wenig piepst. Stellt dann der Zwerg fest, dass es nachts toll nach Igel im Garten riecht, dann wird er öfter mal rauswollen, auch wenn er nicht Pipi muss. Und wenn der Mensch den Welpen immer wieder mit der Leberwursttube genervt ins Haus lockt, weil dieser noch ein wenig auf Igelpirsch ist, dann ist das aus der Sicht der kleinen Jagdnase eine prima Alternative zum Schlafen. Wenn dein Welpe also nachts rausmuss, entweder ohne viel Action und Ansprache zur Lösestelle tragen, absetzen und danach sofort wieder reintragen oder aber an der Leine kurz raus zur Lösestelle und sofort wieder rein.

LANGSAM GRÖSSERE KREISE ZIEHEN

In den ersten Tagen ist es tagsüber noch nicht nötig, mit dem Welpen große Gassirunden zu drehen, ganz im Gegenteil, das überfordert viele Welpen. Es ist evolutionär auch nicht vorgesehen, dass ein (Wolfs-)Welpe Ausflüge macht. Ein Canide würde sich mit seinen Geschwistern in diesem Alter nur rund um die Wurfhöhle aufhalten, denn nur dort ist er sicher. Ist deine Jagdnase noch sehr beeindruckt von ihrem neuen Leben, dann reicht es, wenn sie nur das Haus oder die Wohnung und den Löseplatz kennenlernt. Auch wenn der Welpe schnell ruppig und überdreht ist, steckt oft ein zartes Pflänzchen dahinter, das seine Überreizung so rauslässt.

Ein Welpe, der sich wehrt rauszugehen oder nicht weiterläuft, der ist nicht faul oder ungehorsam, er ist überfordert und noch nicht so weit. Gib deinem Welpen Zeit, Dinge in seinem Tempo zu erkunden, und zwinge ihn nicht. Wenn dein Welpe draußen zittert, fiept, an dir klebt oder hektisch hin und her läuft, ist das ebenfalls ein Zeichen, dass die Umgebung noch zu aufregend ist. Bedenke, dass es für einen guten Start sehr wichtig ist, Umweltreize so zu dosieren, dass der Hund sie als angenehm wahrnimmt. Die richtige Balance zwischen zu viel und zu wenig ist ausschlaggebend dafür, ob der Welpe später seine Umwelt als sicherer und entspannter Hund oder als hibbeliger, nervöser und überreizter Hund wahrnimmt.

Du musst keine Angst haben, dass dein kleiner Vierbeiner zu wenige wertvolle Umweltreize kennenlernt. In den ersten Tagen und Wochen ist das Gehirn noch nicht in dem Maße bereit, sie zu verarbeiten. Mehr Erkundungsverhalten und Neugierde entwickeln sich Schritt für Schritt. Welpen sind keine kleinen Enten, die nur in der Prägephase etwas Neues lernen. Hunde lernen immer. Es ist deine Aufgabe, sie in der Umwelt so achtsam zu begleiten, dass sie viele gute Erfahrungen machen, ohne überfordert zu sein.

Welpen-Blues und Mantras für den Menschen

Die ersten Tage ist man als Welpenhalter zunächst überwältigt von dem Zwerg. Alles ist spannend und neu – auch für uns Menschen. Man lernt sich langsam kennen und knüpft zarte Bande. Nach ein paar Tagen kommen viele Welpenhalter aber an einen Punkt, wo Realität und Erwartungen auseinanderklaffen. Der erste Oxytocin-Schock ist vorbei. Schlafmangel macht sich ebenso breit wie die Unsicherheit durch die schlauen Ratschläge der Nachbarn. Der Welpenzwerg macht das vierte Häufchen auf den Teppich, obwohl du gerade erst draußen warst. Du liest erschreckt in Facebook-Gruppen, was ein Welpe bis zur 20. Woche schon alles erlebt haben sollte, und der süße Welpe fängt an, dich mit seinen spitzen Zähnen zu malträtieren. Da kommt bei „Welpeneltern" schnell Panik auf – schaffe ich das alles? Willkommen im Welpen-Blues!

Hier hilft es, erst mal durchzuatmen. Die letzten Tage sind du und deine Bedürfnisse sicherlich zu kurz gekommen und du hast viele widersprüchliche Ratschläge gehört oder gelesen. Das verunsichert, und man interpretiert in jede Kleinigkeit, die der Welpe macht, die schlimmsten Folgen.

Noch einmal zur Erinnerung: Ein Welpe macht nichts, um dich zu ärgern! Ein Welpe möchte dich nicht dominieren. Ein Welpe ist ein Hundebaby, es braucht wie ein Menschenbaby Fürsorge und Verständnis. Je mehr und je stärker du auf seine Bedürfnisse achtest, desto besser kann er lernen und desto entspannter ist er.

Im Zusammenleben mit deinem Welpen wird es immer wieder Phasen geben, in denen es anstrengend wird, weil die Stubenreinheit nicht klappt, weil der Welpe beißt und hüpft oder Sachen zerstört. Das alles gehört zur normalen Entwicklung dazu, du musst es nicht panisch „abtrainieren", du musst lediglich über Management darauf schauen, dass er das unerwünschte Verhalten nicht zu oft übt und dass es nicht verstärkt wird.

Mensch und Hund sind sich ähnlich: Sobald wir gestresst sind oder Angst haben (etwas falsch zu machen), reagieren wir emotional, impulsiv und unüberlegt. Dann kann es im Zusammenleben mit dem Welpen passieren, dass wir unfair werden oder überreagieren, und das gefährdet im schlimmsten Fall die Beziehung zu unserem neuen Familienmitglied. Das ist viel schlimmer, als einen kleinen Fehler im Training zu machen.

In der ersten Zeit sollte es Welpenbegleitung, nicht Welpenerziehung heißen! Dein kleiner Hund soll dich als verlässlicher Bindungspartner kennenlernen. Er soll sich auf dich verlassen können, muss lernen, dass du ihn nicht in Situationen bringst, die ihn überfordern, und dass auch seine feine Form der Kommunikation gesehen wird. Wenn ein Welpe genau das in den ersten Wochen lernt, hast du den Grundstein gelegt, dass er entspannt durch die Welt geht und schnell und nachhaltig lernt.

Für die erste Zeit ist es sehr hilfreich, wenn du dir jemanden suchst, der dich und deinen Welpen auf euren ersten Schritten begleitet: eine(n) Trainer(in), der oder die dir

Wenn der Welpe sich unwohl fühlt, braucht er deine Unterstützung. (Foto: Shutterstock/Eudyptula)

bei Fragen zur Seite steht und euch unterstützt, wenn es anstrengend und schwierig wird. In klassischen Welpenkursen ist diese Betreuung in der Regel nicht möglich, deswegen überlege, ob du dir zusätzlich eine Begleitung im Einzeltraining oder Einzel-Online-Coaching suchst. Damit investierst du in die Zukunft und ihr kommt entspannt durch die Welpenzeit.

Die Entwicklung von Welpen läuft in Wellen und Phasen. Viele Verhaltensweisen, wie das übermäßige Aufsammeln von allem, was am Boden liegt, oder das heftige Beißen in Hände und Füße kommen und gehen auch wieder, wenn der Welpe dafür nicht eine Extraportion Aufmerksamkeit bekommt. In diesen Phasen kann man sich verrückt machen, ganz viel üben und trainieren, oder man reagiert wie eine Mutter, die bereits sechs Kinder großgezogen hat …

Man verhindert das Schlimmste und bleibt entspannt. Damit fährt man bei den meisten Themen relativ gut – in Begleitung eines Coachs gleich noch viel besser. Such dir also Hilfe und Unterstützung!

Wie umgehen mit unerwünschtem Verhalten?

Bevor du auf das unerwünschte Verhalten deines Hundes reagierst, atme kurz durch und überlege, wie du es fair und freundlich unterbrechen kannst oder deinen Welpen schnell aus der Situation bringst. Wir üben nie in der Situation, sondern für die Situation. Das heißt, wenn der Hund schon unerwünschtes Verhalten zeigt und in einer Situation ist, die herausfordernd ist, funktioniert das Lernen nicht mehr gut. Also raus aus der Situation und noch mal überlegen: Wie können wir eine ähnliche Situation das nächste Mal besser meistern? Hilft mehr Abstand? Hilft weniger Aufregung? Kann ich als Mensch reagieren, bevor Mist entsteht?

Es geht im Training mit Welpen nicht darum, jede Situation perfekt zu meistern, sondern mehr positive Einträge im kleinen Welpentagebuch zu sammeln als schlechte. Ist etwas schlecht gelaufen, dann Kopf hoch. Plane, wie du es das nächste Mal besser machen kannst!

Was uns so häufig – neben guten Ratschlägen – verunsichert und im Training blockiert, ist eine gewisse Erwartungshaltung. Wir möchten alles richtig machen, erwarten aber gleichzeitig, dass unser Aufwand und die Mühe von unserem neuen Familienmitglied mit bravem Verhalten honoriert werden. Der Anspruch der Gesellschaft an Hunde ist ebenfalls sehr hoch. Einerseits sollen Hunde unauffällige Begleiter und entspannte Familienhunde sein, gleichzeitig sollen sie aber auch sportlich, schnell und begeisterungsfähig sein. Das ist viel – zu viel für den durchschnittlichen Hund. Vom Welpen ganz

Beißt der Hund in die Kleidung, ist er meist überreizt. (Foto: Shutterstock/Sari ONeal)

„Guten" Ratschlägen begegnen

Wenn du hörst, dass dein Hund dieses oder jenes schon können muss, dann lass dich davon nicht verunsichern. Es gibt keinen strikten Plan, was ein Welpe in einer bestimmten Zeit zu erlernen hat. Auch wenn Wurfgeschwister oder Welpen aus der Welpengruppe vielleicht schon mehr oder andere Dinge können, ist das kein Grund, hektisch zu werden oder Druck zu machen. Bei diesen Ratschlägen solltest du kritisch aufhorchen: Egal, ob sie vom Nachbarn, vom Züchter, vom Tierarzt oder von einem Trainer kommen!

• Du musst ihm auf jeden Fall zeigen, dass du der Chef bist!

Hinter der Aussage steht oft die Anweisung, den Welpen über Strafe zu reglementieren. Klar wünscht man sich bei vielen Verhaltensweisen, dass der Hund beispielsweise mit dem Hochspringen aufhört. Das Verhalten lässt sich aber nicht einfach abstellen. Wenn man den Welpen für ein Verhalten schimpft, würde er es nur sein lassen, wenn er sehr beeindruckt ist. Und genau das hat am Ende Nebenwirkungen. Du gefährdest die Bindung und Beziehung zu deinem kleinen Hund, wenn du dauernd schimpfst. Hat der Welpe keine Verhaltensalternative, dann treten Verhaltensweisen wie Beißen, Dinge zerstören oder schlechtes Zur-Ruhe-Kommen vermehrt auf. Statt dem Welpen zu sagen, wer der Chef ist, überlege, welches Verhalten du dir von deinem Hund in dieser Situation wünschst. Versuche die Situation so zu gestalten, dass es dein Welpe leicht hat, gutes Verhalten zu zeigen, und belohne das erwünschte Verhalten entsprechend.

• Der veräppelt dich …

Ein Welpe (übrigens auch ein erwachsener Hund) tut nichts, um dich zu ärgern oder seinen Status in der Familie zu behaupten. Er zeigt Verhalten, weil es sich für ihn lohnt oder weil er überfordert ist. Überprüfe in diesen Situationen, warum er dieses Verhalten zeigt, anstatt dich zu ärgern.

Drei Mantras möchte ich dir an die Hand geben, wenn es wieder schwierig wird:

- *Er macht es nicht, um dich zu ärgern, er ist ein Hundebaby!*
- *Dein Welpe ist einzigartig – hör auf, ihn mit anderen Hunden zu vergleichen, ihr lernt in eurem Tempo!*
- *Atmen, denken, planen, handeln*

zu schweigen: Phasen, in denen der Welpe überdreht in Hosenbeine beißt, in denen er Dinge vom Boden aufsammelt und auch mal bellt, sind normal und gehören zur Entwicklung dazu. Ein Welpe muss sich entwickeln dürfen, auch mal wild sein. Er braucht Zeit, sich an Situationen zu gewöhnen, und er kann nicht gleich alles perfekt meistern. Deswegen ist es wichtig, die Erwartungen an den Welpen runterzufahren. Bestimmte Entwicklungsphasen muss der Welpe einfach durchlaufen, das gehört dazu.

Wie finde ich den passenden Trainer?

Der Besuch einer Hundeschule steht bei vielen Welpenbesitzern fest auf dem Plan. In vielen Regionen ist das Angebot groß und die Wahl eines geeigneten Trainers sollte nicht nur wegen einer schönen oder ansprechenden Website oder der Nähe zu deinem Wohnort getroffen werden.

Eine gute Hundeschule arbeitet nach neuen wissenschaftlichen Erkenntnissen und

Tipp: Das macht eine gute Welpenschule aus

Eine gute Welpenschule sollte folgende Kriterien erfüllen:

- *Die Gruppen sind klein: maximal vier Welpen.*
- *Es wird darauf geachtet, dass die Welpen von Alter, Gewicht und Größe zusammenpassen.*
- *Begegnungen werden freundlich moderiert, sodass sich alle Beteiligten stets wohlfühlen.*
- *Es gibt immer wieder Entspannungspausen im Spiel und Training.*

Wenn Folgendes passiert, du solche Sprüche hörst oder folgende Aktionen siehst, solltest du dir eine andere Hundeschule oder einen anderen Trainer suchen:

- *Wenn dir etwas über Rangordnung oder Rudelchefs erzählt wird. Diese Aussagen sind schon lange veraltet und weisen auf mangelnde Kompetenz des Trainers hin.*
- *Wenn du den Welpen packen, treten, rucken oder schlagen etc. sollst.*
- *Wenn dein Welpe Angst hat oder sich unwohl fühlt und er keinen Schutz bei dir bekommen darf. Deine kleine Jagdnase soll lernen, dir zu vertrauen. Wenn er eine Situation (noch) nicht bewältigen kann, ist es unsere Aufgabe, ihm zu helfen.*
- *Wenn du schlechtgemacht wirst oder dir Vorwürfe gemacht werden. Denn wenn schon mit Menschen nicht nett umgegangen wird, kannst du davon ausgehen, dass auch der Umgang mit dem Welpen nicht besonders empathisch ist.*
- *Wenn die Welpen die ganze Stunde nur spielen und die Menschen dabei nicht auf ihre Zwerge achten. Denn Spiel ist anstrengend, und kein Welpe kann sich so lange aufs Spielen konzentrieren, ohne zu überdrehen. Spielen Welpen zu lange, ist es wie bei Kindern – einer fängt an zu weinen. Dein Welpe macht so eher schlechte statt gute Erfahrungen. Hundeschule sollte nicht zur Bespaßung der Menschen dienen, sondern den Vierbeinern einen Mehrwert geben.*
- *Wenn die Welpen an dünnen Halsbändern oder Moxonleinen geführt werden.*
- *Wenn an der Leine geruckt wird, wenn gezischt wird oder Wurfschellen fliegen.*
- *Wenn die Hunde gestresst sind, keine Pausen bekommen oder durchgehend bellen.*

überwiegend über positive Verstärkung. Veraltete Dominanztheorien und Rangordnungsgedöns sollten dir dort nicht begegnen. Idealerweise schaust du dich auf den Seiten des „Internationalen Berufsverbands für Hundetrainer" (www.ibh-hundeschulen.de) oder des „Berufsverbands für Hundeerzieher und Verhaltensberater" (www.hundeschulen.de) um. Hier kannst du davon ausgehen, dass die Trainer regelmäßig Weiterbildungen besuchen und gewaltfrei arbeiten. Bestenfalls suchst du dir bereits den passenden Trainer, bevor der Welpe eingezogen ist.

Aber Vorsicht! Die Wahl einer geeigneten Hundeschule sollte gut überlegt sein. Eine schlechte Welpenschule kann mehr kaputt machen, als dass sie etwas nützt. Für Welpenzwerge ist es sehr schwierig, in Anwesenheit vieler fremder Menschen und Hunde sich zu konzentrieren; deswegen ist es ausschlaggebend, wie die Stunde oder der Kurs gestaltet wird.

In der Regel reicht eine Welpengruppe allein nicht aus, um alle Themen rund um den Welpen ausführlich anzugehen. Idealerweise kombinierst du die Welpengruppe mit Einzeltraining bei dir daheim oder mit Online-1:1-Coaching, damit du auch ausreichend Unterstützung bei den jagdhundspezifischen Themen bekommst. Auch wenn du bereits mehrere (Jagd-)Hunde hattest, macht es Sinn, sich unterstützen oder coachen zu lassen, denn oft hat man beim eigenen Hund keinen klaren Blick oder lässt sich von den vorherigen Hunden leiten. Dabei ist es gerade die Anfangszeit, die hier einen so wichtigen Grundstein für entspanntes Zusammenleben und entspannte Spaziergänge legt.

Das Training sollte immer möglichst ohne zu viel Stress und Druck ablaufen. (Foto: Shutterstock/Abo Photography)

(Foto: Shutterstock/Natalia Bostan)

LERNEN & BASICS

Wenn dein Welpe bei dir einzieht, fängt für ihn ein komplett neues Leben an. Dein Welpe weiß nicht, was richtig und was falsch ist. Wie soll er wissen, dass man ein Kabel nicht anbeißen darf, ein Welpentau aber schon? Er weiß nicht, dass Menschen nicht gern im Gesicht abgeschleckt werden und dass man mit ihnen nicht so spielt wie mit Wurfgeschwistern. Dein Welpe braucht also jemanden, der ihm zeigt, welches Verhalten erwünscht und was nicht erwünscht ist. Dies soll der Welpe aber nicht über Schimpfen und Strafen lernen, sodass er eingeschüchtert ist und im schlimmsten Fall eure Beziehung leidet.

Um sich in der neuen Lebenssituation zurechtzufinden, probiert der Welpe aus, was sich lohnt und wie er sich verhalten soll. Dieses Ausprobieren ist ein wichtiger Teil der Welpenentwicklung, der kleine Hund lernt dadurch, sich anzupassen. Du bist der Fremdenführer in der neuen Welt. Wir Menschen sind dazu geneigt, uns auf das zu fokussieren, was wir nicht wollen. Im Zusammenleben mit dem Welpen ist es allerdings um einiges einfacher, uns auf das erwünschte Verhalten zu fokussieren. So kann der Welpe sich weiter ausprobieren und dadurch weiterentwickeln, ohne dass er Angst vor Strafe haben muss. Das Vermögen, sich auf erwünschtes Verhalten zu konzentrieren, müssen wir Menschen meist erst verinnerlichen. Viele Verhaltensweisen, die ein Welpe zeigt, nehmen wir als gegeben hin und vergessen, dass er vieles davon spätestens in der Pubertät, wenn wir es vorher nicht belohnen, auch nicht mehr zeigen wird.

Damit der Welpe kein unerwünschtes Verhalten übt, schaffe eine Umgebung, in der er möglichst wenig Fehler machen kann. Räume Dinge weg, die er zerstören kann, und gib ihm möglichst wenig Gelegenheit, etwas Falsches zu tun.

Hunde lernen am Erfolg – auch Welpen!

Hunde lernen in jeder Situation auch immer Emotionen mit und verknüpfen diese mit allem, was stattfindet. Deswegen ist es wich-

Tipp: Lernen durch Belohnung

Dein Welpe wird das tun, was sich für ihn lohnt, und es ist unsere Aufgabe, erwünschtes Verhalten lohnenswert zu machen.

tig, dass dein Welpe Situationen mit angenehmen Gefühlen verknüpft, denn das ist die beste Prävention gegen Angst- und Aggressionsverhalten.

Lange Zeit wurde in der Hundeerziehung vernachlässigt, dass Hunde auch assoziativ lernen und Emotionen haben. Aber gerade bei einer kleinen Jagdnase, die später ein entspannter, gut ansprechbarer Begleiter werden soll, ist es immens wichtig, dass sie dabei auch emotional gefestigt ist. Das geht am besten unter folgenden Voraussetzungen:

Ohne Strafen lernen: Auf Strafen sollten wir im Welpentraining unbedingt verzichten. Die Gefahr, dass dein Hund später unsicher wird oder dir nicht vertrauen kann, ist sehr groß. Auch Fehlverknüpfungen entstehen schneller, als wir denken. Wird der Welpe immer geschimpft, wenn Besuch kommt, wird er das Schimpfen im ungünstigsten Fall nicht auf sein Verhalten beziehen. Hochspringen ist in diesem Alter für deinen Vierbeiner ein normales Verhalten. Vielmehr wird er denken: „Wenn Besuch kommt, werden meine Besitzer immer streng oder blöd zu mir.“ Schnell wird der Welpe Besuch mit negativen Emotionen verknüpfen und das nächste Mal lieber den Besuch nicht mehr so gern in die Wohnung lassen.

Ohne Angst lernen: Mit Angst im Gepäck lernt es sich nicht gut. Wird ungenau reagiert und Feedback gegeben, schubst man so das Erregungsniveau in die Höhe, und es ist vorprogrammiert, dass aus den wilden fünf Minuten am Abend dann mindestens 20 Minuten werden. Ein geplantes Training über positive Verstärkung geht schneller, effektiver und hat weniger Nebenwirkungen.

Ohne Frust und Stress lernen: Bedenke, dass es zum Lernen angenehme Lernbedingungen braucht: Ein Welpe, der Frust, Angst oder Stress hat, lernt nicht gut. Der Wirkungsgrad deines Trainings ist unter diesen Bedingungen schlecht. Also schnell raus aus der Situation und Neustart! Denn egal, wann und wie dein Welpe unerwünschtes Verhalten zeigt – etwa an der Leine ziehen: Er sollte dieses Verhalten nicht üben. Schau, dass du schnell nach Hause kommst, und überlege, warum dein Welpenzwerg so an der Leine gezogen hat. War er zu aufgeregt, war es zu viel oder hatte er einen schlechten Tag? Und die wichtigste Frage: Wie kannst du die Situation das nächste Mal so gestalten, dass der Welpe an lockerer Leine läuft und du dieses positive Verhalten belohnen kannst, um es zu festigen? Stell dir vor, dein Welpe hat ein virtuelles Lerntagebuch im Kopf. Dort werden alle Erlebnisse und jedes Verhalten als Eintrag gespeichert. Der Welpe dokumentiert genau, welches Verhalten aus seiner Sicht zum Erfolg geführt hat und welches nicht. Auf der einen Seite des Welpentagebuchs stehen die (aus unserer Sicht) guten Einträge, auf der anderen Seite sammelt der Welpe die Einträge, wo es aus unserer Sicht nicht so klappt.

Geschehenes ausbügeln: Auch wenn du planst und umsichtig bist, wird es immer wieder Situationen geben, die nicht perfekt laufen. Du kannst aber Situationen, die nicht so gut gelaufen sind, wieder „ausbügeln“, indem du das nächste Mal die Situation neu planst

Ein gestresster Hund lernt nicht gut und nimmt schlecht Belohnungen an. (Foto: Shutterstock/Natalia Bostan)

und das erwünschte Verhalten verstärkst. Es geht also nicht immer darum, viele, viele positive Einträge im Welpentagebuch zu sammeln. Mach dir nicht selbst zu viel Druck, sondern fokussiere dich auf das Erwünschte und verstärke dies.

Die passende Lernsituation: Und noch etwas ganz, ganz Wichtiges zum Thema Lernen! Zeigt dein Hund unerwünschtes Verhalten, dann trainierst du nicht in dieser Situation, um etwas zu verändern. Zieht dein Junghund in der Stadt überfordert an der Leine, dann würde ich dir den Tipp geben: „Geh so schnell wie möglich nach Hause."

Für viele Hundebesitzer ist das eine sehr unbefriedigende Antwort, denn man wünscht sich insgeheim, dass der Hundetrainer doch einen versteckten Knopf oder irgendeinen Trick kennt, wie der Hund schnell runterkommt und manierlich an der Leine läuft, doch den gibt es nicht. Zumindest nicht, wenn man tierschutzkonform und ethisch vertretbar mit dem Hund umgehen möchte. Erinnere dich lieber daran, dass du selbst deinen Hund in eine Situation gebracht hast, die er noch nicht meistern kann. Vielleicht, weil du die Situation falsch eingeschätzt hast, oder du hast es deinem Hund einfach noch nicht beigebracht, in der Stadt entspannt zu laufen. Und an lockerer Leine in der Stadt laufen, ist um ein Vielfaches schwieriger als an lockerer Leine auf dem Rückweg der bekannten Hausrunde. Wenn wir das mal mit Kindern ver-

Gähnen kann auch ein Zeichen für Stress sein. (Foto: Shutterstock/Aleksandra _larosh)

Tipp: Lernen in Häppchen

Lernen ist vor allem ein Prozess, der passende Bedingungen braucht. Durch überlegte Planung und das richtige Einschätzen von Situationen kannst du deinen Hund so weit begleiten, dass ihr erfolgreich eure individuell gesetzten Lernziele erreicht.
Denke daran, den Lernprozess immer in kleine Häppchen zu gliedern. Überlege, wie du die Schritte so klein machen kannst, dass der Welpe die Anforderungen bewältigt, aber auch so, dass ihr Schritt für Schritt zum Ziel kommt. Ein kleinschrittiger Plan in deinem Kopf verhindert Frust auf beiden Seiten der Leine!

gleichen, dann wäre das, wie wenn wir dem Kind die Matheaufgaben aus der 7. Klasse hinlegen, es aber erst in der 4. Klasse ist ... Wenn es die Aufgaben nicht schafft, kann man auch keinen Knopf betätigen, damit es funktioniert. Man muss planvoll Schritt für Schritt weiterarbeiten. Genauso verhält es sich beim Hund. Wenn der Junghund in der Innenstadt noch nicht an der Leine laufen kann, dann macht er es nicht, um uns zu ärgern. Wenn es ein durchselektierter Vorstehhund ist, dann gibt es sogar seine Genetik vor, dass er sich in solch aufregenden Situationen schnell bewegen soll. Das vergessen wir häufig, weil wir selbst gestresst und überfordert sind. Er zieht, weil er es noch nicht gelernt hat, in dieser Umgebung an der Leine zu laufen. Wenn also etwas schiefläuft, atme durch!

Versuche die schwierige Situation zu verlassen, sodass keiner zu Schaden kommt und dein Hund das unerwünschte Verhalten nicht noch weiter übt. Schaffe dann neue Lernsituationen für deinen Hund, in denen er nicht überfordert ist. Hier kannst du dann Schritt für Schritt die Anforderungen erhöhen, sodass ihr in Zukunft auch schwierige Momente meistern könnt.

Kommunikation und Körpersprache

Hunde kommunizieren sehr fein und überwiegend mit ihrer Körpersprache. Damit Mensch und Hund entspannt und zufrieden zusammenleben können, ist es wichtig, dass wir die Sprache unserer Hunde lesen können. Lernt der Welpe, dass wir bereits im Ansatz sehen, wenn ihm etwas zu viel wird oder er überfordert ist, dann wird er auch nicht auf der Eskalationsleiter immer höher steigen und irgendwann als erwachsener Hund mal schnappen oder beißen müssen. Lernt der Welpe allerdings, dass seine Sprache immer überhört wird, kommuniziert er weniger mit dem Menschen und wird weitaus impulsiver reagieren.

Als Hundehalter sollten wir ein Auge darauf haben, wie viel Stress der Welpe hat. Stress im Alltag führt immer zu mehr reaktivem und impulsivem Verhalten.

Hatte deine Jagdnase einen stressigen und aufregenden Vormittag, weil vielleicht Besuch kam oder weil ihr zum Tierarzt musstet, dann wird er nachmittags schlechter zur Ruhe kommen, öfter an dir hochspringen. Bei einer erwachsenen (Jagd-)Nase kann das heißen, dass dein Hund impulsiver und heftiger auf jagdliche Reize reagiert.

Es ist wichtig, dass du früh erkennst, wenn dein Welpe sich unwohl fühlt, denn so muss er nicht lernen, erst deutlich zu werden. Wenn du eines dieser Anzeichen siehst, dann nimm den Welpen aus dieser Situation raus und überlege, wie du eine solche Situation fürs nächste Mal üben kannst, sodass sie langfristig kein Problem mehr ist.

DIESE KÖRPERSPRACHE SOLLTEST DU VERMEIDEN

Die meisten Welpen lieben Körperkontakt und lassen sich in entspannten Situationen gern streicheln. Achte dabei, ebenso wie im

So äußert sich Stress und Unwohlsein

Stress äußert sich körpersprachlich auf vielen Ebenen. Wenn vermehrt folgende Signale auftreten, wie ...

- *Gähnen*
- *Fiepen, Winseln, Bellen*
- *Kratzen*
- *Hecheln*
- *Unruhiges Hin-und-her-Laufen*
- *schuppige Haut (weiße Pünktchen auf dem Fell)*
- *Aufreiten*

... dann überprüfe die Situation, in der sich dein Welpe aktuell befindet, und verändere diese entsprechend. Wenn dein Hund sich unwohl fühlt, dann wird er anfangs sehr subtil kommunizieren und später, falls er eben nicht gehört wird, immer deutlicher werden:

- *Wegschauen, Kopf abwenden, blinzeln, über den Fang schlecken*
- *Gähnen, Weggehen, Hinsetzen, Hinlegen, Pfötchen anheben*
- *Mensch-Abschlecken, Küssen*
- *Erstarren, Einfrieren*
- *„Bürstchen" – Piloerektion (aufgestellte Haare in der Mitte des Rückens)*
- *Knurren*
- *Schnappen*
- *Beißen*

Einen Clicker kann man hervorragend als Markersignal nutzen. (Foto: Shutterstock/otsphoto)

gesamten Umgang mit dem Welpen, auf eine nette, einladende Körpersprache. Vermeide folgende Dinge:

- Sich frontal vor den Welpen stellen und darüberbeugen
- Auf den Kopf patschen
- Hastig und frontal auf den Welpen zulaufen
- Anstarren, direkt in die Augen sehen
- Festhalten

All diese Dinge bedeuten in der Hundesprache Bedrohung und der Hund wird mit Aufregung, Meideverhalten oder Angst reagieren. Bedenke dies auch, wenn du den Welpen anleinst oder ihm das Geschirr anziehst. Auch wenn dein Welpe überdreht ist, an dir hochspringt und zwickt, will er dir damit etwas sagen: Es ist ein kleiner Hilfeschrei, mit dem er dir signalisieren möchte, dass sein Köpfchen voll ist mit Reizen und Erlebnissen und er Hilfe braucht, um sich wieder zu beruhigen.

Kommunizieren mit dem Markersignal: Weil eine undeutliche Kommunikation Stress bedeutet und den Lernprozess behindert, gibt

So geht's: Markersignal aufbauen

Wir nutzen das Signal als verbales Lob. Bei einem echten Markersignal sollte immer etwas Gutes nachfolgen, das kann auch ein verbales Lob sein.
Viele Wörter sind zu lang für eine schnelle kleine Jagdnase. Gerade wenn du später an der Kontrolle am Wild arbeiten möchtest, sollte das Wort, das du verwendest, kurz und prägnant sein.

- *Diese Signale eignen sich:*
  Top, Jip, Tak, Check, Yes
- *Weniger eignen sich:*
  Super, Supi, Prima, Fein

Begründung: Wir stecken in ein „richtiges" Lobwort wie „Super" viel Emotion und Erregung. Ein emotionsloses Wort wie „Check" können wir auch in unentspannten Situationen viel besser einsetzen. Damit der Hund lernt, was es mit diesem Markersignal auf sich hat, muss er eine Verknüpfung zwischen diesem neuen Signal und etwas Positivem bilden. Der Lernprozess, der dahintersteht, ist die klassische Konditionierung. Damit diese Verknüpfung zustande kommt, musst du das Wort einmal bewusst konditionieren – idealerweise machst du das daheim, denn da ist dein Hund am entspanntesten.

- *Dein Hund sollte dafür vor dir sitzen oder stehen und dich ansehen.*
- *Du sagst dein Wort laut und deutlich.*
- *Innerhalb von maximal zwei Sekunden lobst du deinen Hund und gibst ihm ein Leckerchen.*
- *Das wiederholst du vier- bis sechsmal, machst dann eine kurze Pause und wiederholst noch einmal.*
- *Gern kannst du bereits beim zweiten Mal unterschiedliche Belohnungen jenseits von Futter aus der Hand nutzen.*

es ein hilfreiches Mittel, um deutlicher mit dem Hund zu „sprechen": ein Markersignal. Dieses Signal vermittelt dem Hund punktgenau, dass das, was er gerade tut, gut ist. Mit diesem akustischen Signal geben wir dem Hund die Info: Das war gut, jetzt folgt eine Belohnung. Wir sind durch das Signal viel präziser im Training, denn es hebt sich deutlich von unserem Alltagsgerede, aber auch von einem lang gezogenen Lobwort ab. Der Welpe versteht schneller, wofür er belohnt wird, und lernt neues Verhalten wie ein Sitz oder Platz schneller und präziser.

Das Markersignal hat auch für den Hundebesitzer Vorteile, denn wir haben etwas mehr Zeit zwischen dem Verhalten des Hundes und der Belohnung. Das macht das Training für uns Menschen stressfreier. Habe ich kein Markersignal, muss ich peinlich genau darauf achten, dass die Belohnung sofort erfolgt oder zumindest ein bis drei Sekunden nach dem Verhalten, das ich verstärken möchte.

Stell dir folgende Situation vor: Du möchtest deinem hopsenden Welpen „Sitz" beibringen. Wenn Zwerg sich auf deine Geste kurz hinsetzt und du greifst in die Tasche, steht

Auch ein Zerrspiel kann eine wunderbare Form der Belohnung sein. (Foto: Shutterstock/Marina Plevako)

dieser in der Regel gleich wieder auf. Landet das Leckerchen in diesem Moment im Hundemäulchen, hast du nicht das Sitzen, sondern das Aufstehen verstärkt. Diese Ungenauigkeit behindert den Lernprozess und man braucht länger, bis das Trainingsziel erreicht ist. Mit dem Markersignal können wir das „gute" Verhalten punktgenau hervorheben; der Kleine weiß, dass nun eine Belohnung folgt.

Auch Verhalten, das der Welpe von selbst zum Beispiel auf dem Spaziergang zeigt, können wir so hervorheben, markieren und belohnen. Anstatt dauernd Kommandos und Signale zu geben, kann der Hundebesitzer sich darauf konzentrieren, erwünschtes Verhalten zu verstärken.

Nachdem du das Markersignal aufgebaut hast, beginnt die wirkliche Arbeit für dich. Du musst dein Hirn trainieren, es zu benutzen. Das ist nicht ganz einfach, denn wir sind auf mehreren Ebenen gefordert: Wir müssen uns trainieren, um zu sehen, was der Welpe überhaupt von selbst gut macht. Dinge nicht als gegeben hinnehmen, sondern positives Verhalten belohnen, ist eine Fähigkeit, in der wir uns üben müssen. Zeitgleich ist gutes Timing wichtig. Das Markersignal sollte nicht zu spät kommen. Nach dem Marker darf bereits gleich dein verbales Lob kommen, und dann kannst du dir auch noch kurz Zeit nehmen, bis die Futterbelohnung im Mäulchen landet oder das Zerrspielzeug auftaucht.

RICHTIG BELOHNEN

Wenn du eine kleine Jagdnase hast, solltest du dir bereits jetzt Gedanken um passende Belohnungen machen. Einen Welpen kann man zunächst wunderbar mit Leckerchen belohnen, denn das ist einfach für dich und effektiv fürs Training. Im Lauf der Entwicklung wird der Hund aber mehr Bedürfnisse entwickeln, und wir müssen das Training anpassen, insbesondere die Belohnungen. Wenn es darum geht, Jagdverhalten zu kontrollieren oder einen sicheren Rückruf aufzubauen, müssen wir jagdliche Bedürfnisse aufgreifen, um erfolgreich zu sein. Mit Keksen allein wirst du einen jagdlich ambitionierten Hund nicht zuverlässig abrufbar bekommen.

Du kannst und solltest also bereits jetzt beginnen, mit den Belohnungen abzuwechseln beziehungsweise sie an die momentane Bedürfnislage des Welpen anzupassen. Da der Alltag immer Training ist und der Welpe praktisch ständig dazulernt, ist es hilfreich, dass du immer ein paar Bröckchen Trockenfutter oder Leckerchen in der Hosentasche hast, auch daheim. Außerdem kannst du dir an mehreren Orten in deiner Wohnung, natürlich außerhalb der Reichweite des Welpen, verschließbare Döschen mit Leckerchen hinstellen. So hast du stets etwas griffbereit, wenn dein Welpe etwas Tolles macht, und du vergeudest dadurch keine Lernsituation.

WENN DEIN WELPE DAS LECKERCHEN VERWEIGERT

Wenn dein Welpe draußen nichts fressen kann und sich nicht auf die Belohnungen von dir einlassen kann, dann ist mit großer Wahrscheinlichkeit die Umwelt zu spannend. Überreizte oder ängstliche Hunde können häufig auch nicht fressen, wenn sie von jagdlichen Reizen übermannt sind. Ebenso rückt Fressen in den Hintergrund, wenn es in großen Schritten in Richtung Pubertät geht. Gerade junge Rüden fressen sehr schlecht, wenn sie in einem Ballungsgebiet mit vielen Hunden leben, weil sie von den Gerüchen – vor allem den Mädelsgerüchen – schnell überfordert sind.

Ob ein Hund also draußen Futter nehmen kann oder nicht, sagt uns einiges über die Lernbedingungen. Ist ein Hund zu angespannt, kann er nicht fressen, und wenn die Aufregung sehr groß ist, solltest du im Hinterkopf haben, dass er nun die Spannung mit der Situation verknüpft. Sein Gehirn ist mit den Außenreizen so beschäftigt, dass es deinem Welpen schwerfallen wird, auf deine Signale zu reagieren.

Wenn dein Hund die Leckerchen hektisch nimmt und dir dabei fast die Finger abbeißt, dann ist das ebenfalls ein Zeichen von hoher Erregung und schlechten Lernbedingungen. Dein Welpe wird diese Situationen gegebenenfalls am Abend in einer wilden Schnapp-Phase kompensieren.

Was du NICHT tun solltest, auch wenn es dir jemand rät

- Deinen Welpen am Nacken packen und schütteln: Dies kommt einer Tötungsabsicht gleich, denn Beutegreifer schütteln ihre Beute im Nacken. Diese Maßnahme zerstört jegliche Bindung und jedes Vertrauen.
- Deinen Welpen auf die Nase schlagen oder den sogenannten Schnauzengriff anwenden, wenn er schnappt: Überlege, warum er das macht, und verstärke erwünschtes Verhalten (siehe Seite 55).
- Wenn sich der Welpe in der Wohnung löst, seine Nase in seine Hinterlassenschaften drücken: Der Hund kann dies nicht mit seinem für ihn völlig normalen Verhalten verbinden.
- Wenn dein Welpe Angst hat, ihn wegschicken: Ein Welpe kann viele Situationen noch nicht allein meistern und braucht die Unterstützung seines Zweibeiners. Angst kann man auch durch Zuneigung nicht belohnen, denn ein Welpe kann seine Angst gar nicht willentlich steuern. Du darfst deinen Welpen sogar auf den Arm nehmen, wenn er Angst hat, und du solltest für ihn da sein!
- An der Leine rucken: Der Nacken eines Welpen ist empfindlich, und Verletzungen passieren schnell. Dein Welpe sollte lernen, welche Verhaltensweisen belohnt werden, statt bestraft zu werden. Strafe hat immer Nebenwirkungen!
- „Da muss er durch!": Wenn das jemand sagt und du dich dabei nicht wohlfühlst, muss dein Welpe da auch nicht durch! Wenn es eine schwierige Situation für deinen Welpen ist, dann kannst du die Situation auch in abgewandelter Form üben. So bekommt dein Welpe „Life Skills" für die entsprechende Situation.
- Deinen Welpen allein lassen, wenn er es noch nicht gewohnt ist: Welpen müssen erst lernen, dass eine Umgebung sicher ist und dass man sich auch ohne den Menschen entspannen kann. Wenn du deine kleine Jagdnase vorzeitig allein lässt, kann er schnell eine schwere Trennungsstressproblematik entwickeln.
- Dinge wie Leine, Rappeldosen, Wasser oder Klapperschellen nach dem Welpen werfen, wenn er etwas Unerwünschtes tut: Welpen wissen noch gar nicht, was richtig und was falsch ist. Wenn wir einen Welpen ohne Vorwarnung erschrecken, kann er dies nicht seinem Verhalten zuordnen und verknüpft diesen Schreckreiz im dümmsten Fall mit seiner Bezugsperson.
- Den Napf unverhofft wegnehmen: Damit lernt der Hund, dass der Mensch nicht berechenbar ist und er gegebenenfalls auf sein Futter achtgeben muss.

Viele Welpen fangen an zu schlingen, wenn sie merken, dass wir ihr Futter wegnehmen wollen. Einige Welpen lernen so, dass sie ihr Futter besser durch Knurren oder Schnappen verteidigen sollten. Bessere Strategien gegen Ressourcenverteidigung findest du ab Seite 74 ff.

- *Du verwöhnst ihn zu sehr: Dieser Satz kommt meist, wenn sich das Gegenüber mehr Härte von dir wünscht. Solange man die Bedürfnisse und die hündische Kommunikation eines Welpen beachtet, ihn nicht überfordert und schaut, dass er genug Ruhe hat, besteht keine Gefahr, dass man dem Welpen zu viel Liebe gibt.*
- *Den Welpen oder Junghund aus der Hand füttern: Ja, das Training mit Futterbelohnungen ist bei Welpen und Junghunden sehr effektiv. Aber das Futter komplett zu verknappen und nur aus Menschenhand zu geben, kann Nebenwirkungen wie Ressourcenverteidigung und eine schlechtere Impulskontrolle und Trennungsstress mit sich bringen. Deshalb verfüttere gern eine Ration des Futters am Tag aus der Hand, aber gib die andere Ration oder weitere Rationen aus dem Napf oder einem Beschäftigungsspielzeug, sodass der Hund sich nicht alles von dir erarbeiten muss.*

FREMDES FUTTER VERMEIDEN

Viele Hundehalter möchten ihrem Hund oder ihrem Welpen keine Leckerchen zum Suchen auf den Boden werfen. Sie haben Angst, der Welpe würde dann lernen, Dinge, im schlimmsten Fall Giftköder, vom Boden aufzunehmen. Diese Angst kann ich dir nehmen. Genauso wie das Jagdverhalten ist das Sammeln und Fressen genetisch fixiert und auch durch Hemmung und Nichtgebrauch nicht abstellbar.

Im Klartext heißt das, du kannst ein Hundeleben lang wie ein Aufseher deinen Hund beobachten und ihn sofort schimpfen, wenn er nur den kleinsten Ansatz macht, etwas vom Boden zu fressen. Trotzdem wird er, wenn er die Gelegenheit dazu hat, ein Würstchen im Gebüsch verdrücken, wenn er Würstchen toll findet. Vielleicht sogar noch etwas schneller oder hektischer, weil er bereits gelernt hat: „Aus heißt: Lieber mal schnell runterschlucken, sonst wird mein Mensch böse."

Entspannter ist es, wenn du mit deinem Hund übst, dass er dir Fressbares, das er irgendwo findet, anzeigt und dafür belohnt wird. Bereits Welpen können unterscheiden, ob das Futter, das du hinwirfst oder -streust, von dir kommt (gerade wenn du das Markersignal und ein „Such" vorher nutzt) oder nicht. Belohnst du aber nur aus der Hand und verzichtest aufs Streuen, Kegeln oder Werfen, fehlen dir gerade mit einem jagdlich ambitionierten Hund eine Menge toller Verstärkungsmöglichkeiten, die den Hund schneller lernen lassen und gleichzeitig viel Freude bereiten.

BEWEGUNG BEIM WELPEN

Dagmar Zeitner

Lange hielt sich die Fünf-Minuten-Gassi-Regel für Welpen: pro Lebensmonat fünf Minuten Spaziergang am Tag als strikte Vorgabe für Welpenbesitzer. Das würde für einen vier Monate alten Welpen heißen: 20 Minuten am Tag auf zweimal zehn Minuten aufgeteilt. Aber kann sich so wirklich ein gesunder Bewegungsapparat beim Hund entwickeln?

Heute weiß man, dass Welpen viele freie Bewegungsmöglichkeiten brauchen. Dadurch lernen sie, ihren Körper zu koordinieren und Risiken besser einzuschätzen. Variable Bewegung fördert das gesunde und stabile Wachstum der Muskulatur, der Knochen und Gelenke, und auch der wichtige Gelenkknorpel kann sich mit viel variabler Bewegung besser ernähren und gesund entwickeln. Die neueste Gehirnforschung hat klare Zusammenhänge zwischen erhöhter Bewegung und erhöhter Hirnaktivität aufgezeigt. Der Welpe sollte sich daher viel frei, im eigenen Tempo, mit gleichaltrigen, gleich großen Hunden und welpentoleranten erwachsenen Hunden bewegen können. Freie und variable Bewegung unterstützt ebenso die Entwicklung des Gehirns, die Lernfähigkeit und das Körperbewusstsein sowie die Tiefensensibilität. All das natürlich in einem sicheren Rahmen, sodass der Welpe dabei weder schlechte Erfahrungen macht noch unerwünschtes Verhalten übt.

Wenn der Welpe zwischen der achten und zwölften Woche in sein neues Zuhause zieht, fallen seine Geschwister als Spielkameraden weg und das Ausmaß der Bewegung wird von den neuen Besitzern vorgegeben. Er sollte sich weiterhin in allen Gangarten frei bewegen können und auch mit gleichaltrigen, gleich großen Hunden toben dürfen. Denn dies …

- trainiert die Muskulatur,
- stärkt die Knochen,
- unterstützt die Ernährung des Gelenkknorpels,
- verbessert die Durchblutung und den Stoffwechsel des Gehirns.

Bei all diesem bestimmt der Welpe das Tempo; wenn er müde ist, sollte er auch ausreichend schlafen dürfen. Er braucht dann diesen Schlaf, damit das Gehirn die Informationen verarbeitet und sich Muskeln und Knochen ausruhen können. Viele junge Jagdhunde kennen ihre Grenzen allerdings noch nicht, und so muss der Hundehalter hier ein Augenmerk darauf haben, dass diese nicht über die Müdigkeit hinaus beschäftigt werden und damit zu hyperaktiven Hunden werden.

Dass Treppensteigen im Junghundalter schädlich ist, ist nicht bewiesen, eher ist Treppensteigen als eine variable Bewegung zu sehen, die die Oberschenkelmuskulatur

Freies Toben mit passendem Spielpartner ist für Welpen wichtig. (Foto: Shutterstock/Orientgold)

stärkt, und dadurch werden die Gelenke besser geschützt. Natürlich alles unter dem Gesichtspunkt der altersgemäßen Bewegung und so kontrolliert, dass der Welpe nicht stürzt oder die Treppe hinunterpurzelt.

Die Schweizerische Tierärztliche Vereinigung für Verhaltensmedizin und der Schweizerische Verband für Tierphysiotherapie haben hierfür folgende Richtwerte für einen acht Wochen alten Welpen einer mittelgroßen Rasse herausgegeben:

- Gesamte Aktivitätszeit sechs bis sieben Stunden pro Tag
- Spielphasenlänge 30 bis 40 Minuten mit dem Menschen oder auch mal mit Artgenossen, ein- bis zweimal am Tag auch bis zu einer Stunde (inkl. Aufwärmen und Cool-down)
- Ruhezeiten zwischen den Aktivitätsphasen ein bis zwei Stunden
- Nachtruhe acht Stunden mit zweimaliger „Pipi-Pause"

Diese Werte sind Richtwerte. Wenn die Werte in deinem Alltag deutlich abweichen, bespreche dies mit deinem Trainer oder deiner Trainerin. Bedenke bei den Zeiten, dass du hier auch die Übergänge von hoher Erregung hin zu Entspannung mit einrechnest und es eine Balance zwischen ruhiger und aufregender Aktivität geben sollte.

(Foto: Shutterstock/Kristyna Mrazkova)

WELPENTHEMEN SPEZIELL FÜR KLEINE JAGDNASEN

Bei kaum einem Thema klaffen Erwartung und Realität so weit auseinander wie beim Thema Schlaf und Entspannung, denn darin sind die meisten Jagdhundwelpen wenig „versiert". Vielleicht hast du gehört, dass Welpen viel schlafen und diesen Schlaf auch zwingend für die Entwicklung brauchen. Doch viele kleine Jagdnasen sind, wenn es dazu die Gelegenheit gibt und sich neue Dinge erkunden lassen, den ganzen Tag auf Achse und schaffen es nicht, selbstständig zur Ruhe zu kommen.

Zur Ruhe kommen oder: „Nach müd kommt blöd"

Je müder sie sind, desto reaktiver werden sie und desto schlechter kommen sie letztendlich zur Ruhe. Wie kleine Kinder haben auch Welpen und Junghunde – und auch erwachsene Hunde – eine „Nach-müd-kommt-blöd"-Phase, in der sie aufgedreht um sich schnappen und alles über den Haufen rennen. Oftmals fallen sie nach so einer Phase, die ohne die richtigen Tools für den Hundehalter sehr herausfordernd sein kann, einfach erschöpft um. Manchmal denken die neuen Hundebesitzer dann, ihr Welpe sei nicht ausgelastet, da er so fordernd ist. Resultat: Der Welpenzwerg wird noch mehr bespaßt. Ein Teufelskreis beginnt, und der erste Schritt in Richtung nervöser, impulsiver Jagdhund, bei dem Verhaltensprobleme vorprogrammiert sind, ist gemacht.

Deswegen ist es wichtig, dass der Welpe in seinem neuen Zuhause gut entspannen kann, ausreichend Ruhe hat und ihm von seinen Bezugspersonen auch Ruhe vorgelebt wird. Für den Menschen bedeutet das: immer wieder Pausen auf dem Sofa oder auf dem Boden beim Welpen zu machen und nicht, wenn der Welpe etwas ruhiger ist, die Wohnung zu saugen oder Wäsche in den Keller zu bringen. Denn hier will der Zwerg ganz schnell wieder mit dabei sein, um neugierig „zu helfen". Der Welpe sollte für Ruhephasen nie weggesperrt werden. Welpen müssen im ersten Step lernen, überhaupt erst mal zu entspannen, erst im zweiten Step übt man nach und nach, dass dies auch ohne Bezugsperson funktioniert.

DOSIERTE UMWELTREIZE

Neben ausreichenden Ruhezeiten daheim ist es ebenso wichtig, dass der Welpe wohldosiert neuen Situationen und Umweltreizen ausgesetzt wird. Viele Hundehalter geraten fast schon in Sozialisierungsstress, weil sie meinen, dem Welpen bis zur 20. Woche alles auf der Welt zeigen zu müssen, damit die Umweltsicherheit nicht leidet. Das Gegenteil ist der Fall: Jagdhunde sind streng darauf selektiert, Außenreize mit all ihren Sinnen sehr sensibel wahrzunehmen. Sie riechen sehr gut, sie sehen gut, sie hören hervorragend und nehmen alles aus der Umwelt sehr fein wahr. Jede neue Situation, jeder Ausflug ist ein Feuerwerk für das Welpengehirn und muss entsprechend in Ruhezeiten verarbeitet werden. Hat der Welpe dazu keine Gelegenheit oder es prasseln zu viele Reize auf ihn ein, wird sich das Feuerwerk spätestens am Abend, wenn der Mensch es sich gerade nach einem anstrengenden Welpentag auf dem Sofa gemütlich machen möchte, in einem wilden, knurrenden und um sich schnappenden Welpen entladen.

Kommt dein Welpe also schlecht runter und hat mehrmals am Tag mehr als fünf Wel-

Ein Welpe, der in die Hände schnappt, ist meist überdreht. (Foto: Shutterstock/Abophotography)

penminuten, dann überprüfe zum einen, ob er genug Schlaf und Entspannung bekommt, und zum anderen, ob nicht tagtäglich zu viele Umweltreize und neue Situationen auf ihn einprasseln. Um deinen Welpen nicht zu überfordern, bringe ihn nur einmal am Tag – und das auch nur kurz und mit deiner Hilfe – in eine neue oder aufregende Situation und gib ihm anschließend ausreichend Zeit, diese Situationen zu verarbeiten.

DAS ERREGUNGSNIVEAU HERUNTERFAHREN

Jagdhundwelpen, wie auch alle anderen Arbeitshunderassen, sind sehr begeisterungsfähig. Rasant schießt dann auch ihr Erregungsniveau in die Höhe. Ebenso schnell sind sie frustriert, gerade wenn sie in dem, was sie gern tun möchten, unterbrochen werden. Du als Hundehalter musst da dem Welpen helfen, langsam und sanft wieder runterzukommen. Übergangshilfen können zum Beispiel ein Spiel sein, bei dem du den Welpen auf einem hohen Erregungsniveau abholst und ihr im Spiel gemeinsam wieder runterfahrt. So können sich die Hormone, die bei Aufregung gebildet werden, Schritt für Schritt abbauen. Sehr effektiv ist es auch, dem überdrehten Welpen eine Handvoll Trockenfutter auf den Boden zu streuen, damit er das Futter suchen und in Ruhe aufsammeln kann. Futtersuche fährt das Erregungsniveau ebenfalls ein Stück runter. Endorphine werden beim Fressen produziert und hemmen die Erregungshormönchen ebenfalls. Auch eine Kaustange, ein gefüllter Kong oder ein Schnüffelteppich können bei einem überdrehten Welpen wahre Wunder bewirken. Was in den meisten Fällen das Erregungsniveau zusätzlich steigert, ist Schimpfen oder Festhalten. Versuche zunächst selbst durchzuatmen, gib dem Welpen etwas zu tun und entspanne dich. Dann kannst du überprüfen, was vielleicht am selben Tag oder am Tag vorher Aufregendes passiert ist oder was du in deinem Alltag ein wenig ändern kannst.

Im Alltag eines Welpen ist es immens wichtig, ruhiges Verhalten immer und immer wieder zu belohnen. Ein Welpe bekommt meist Aufmerksamkeit, wenn er in Action ist. Liegt er dann mal entspannt in der Wohnung, sind wir manchmal so froh, dass wir kurz eine Tasse Kaffee oder Tee genießen können und dabei vergessen, den Zwerg dafür zu belohnen. Denn gerade wenn der Welpe für aufgeregtes Verhalten zwangsläufig immer wieder Aufmerksamkeit bekommt, müssen wir unbedingt ein Gegengewicht schaffen.

Wenn der Kleine zwickt und beißt

Jagdhundwelpen können leicht mal zu Schnappschildkröten mutieren. Die spitzen Welpenzähne sind schon bei sanftem Einsatz sehr schmerzhaft für die menschliche Haut. Wenn der Welpe dabei noch hochspringt und in Arme und Beine zwickt, gerät man schnell in Stress – vor allem Kinder. Viele Welpenhalter fragen sich dann: „Muss ich das unterbinden? Und wenn ja, wie? Und: Hat mein Welpe vielleicht die Beißhemmung noch nicht ausreichend trainiert?“

Hochspringen und Zwicken ist normales Verhalten eines Welpen – und auch wenn es phasenweise heftiger ist, musst du dir noch keine Gedanken machen, dass dein Welpe für immer so bleibt. Es ist eine Phase, die spätestens mit dem Zahnwechsel um die 20. Woche abebbt. Ein hopsender und beißender Welpe ist vergleichbar mit einem schreienden Baby. Meist stecken unbefriedigte Bedürfnisse wie Hunger, Sozialkontakt oder Schlafmangel dahinter, in den meisten Fällen gepaart mit Überreizung. Schau hier, dass ihr euren Alltag strukturiert, denn mit Routinen kommen Welpen gut zurecht, und reagiere gelassen. Sag dir immer: Es ist eine Phase. Deine Aufgabe ist es zum einen, dass der Welpe nicht zu oft Aufmerksamkeit für Beißen, Umherrennen und Hopsen bekommt, und zum anderen, dass er lernt, sich zurückzunehmen und zu entspannen.

Wenn dein Welpe gerade heftige fünf Minuten inklusive Zahneinsatz hat, dann sollte er nicht die Möglichkeit haben, dich oder andere Familienmitglieder zu zwicken. Bereits Kinder können lernen, wie eine dicke alte Eiche stehen zu bleiben, wenn der Welpe hopst oder zwickt, und dabei laut bis zehn zu zählen, bis ein Erwachsener zu Hilfe kommt. Es hilft auch manchmal, kurz innezuhalten, den Hund nicht anzusehen und anzuspre-

Ein überdrehter Welpe braucht eine ruhige Bezugsperson, die ihm Alternativen bietet. (Foto: Shutterstock/MDVEdwards)

chen und einfach abzuwarten, bis er sich von selbst zurücknimmt: Dann kannst du den Moment, in dem dein Welpe alle vier Pfoten auf dem Boden hat, hervorragend nutzen, diesen markieren und dann eine Handvoll Futter auf den Boden werfen. Lerntheoretisch steckt in dieser Situation viel Erfolgspotenzial:

- Der Welpe bekommt fürs Hopsen keine Aufmerksamkeit: Säugetiere lernen am Erfolg. Gibt es keine Interaktion für Hopsen, wird das Verhalten automatisch die nächsten Male weniger.
- Der Welpe lernt: Alle vier Pfoten sind auf dem Boden, während ich vor dem Menschen stehe. Dafür gibt es Aufmerksamkeit und Futter. Dieses Verhalten werde ich in Zukunft öfter zeigen. Das Markersignal hilft ihm, das Verhalten abzuspeichern und mit den Konsequenzen zu verknüpfen. Das beschleunigt den Lernprozess.
- Wenn der Welpe hopst und beißt, ist er meist sehr aufgeregt und ein Hormoncocktail mit Dopamin und Adrenalin tobt in seinem Körper. Bekommt der Welpe eine große Menge Futter zum Aufsammeln oder Fressen, werden Endorphine ausgeschüttet und der Welpe kommt wieder ein Stück runter.
- Anstatt zu schimpfen, legen wir unseren Fokus auf das erwünschte Verhalten. So bekommt der Welpe einen Verhaltensrahmen gezeigt, in dem er sich gern bewegt. Er entwickelt keine negativen Gefühle gegenüber dem angesprungenen Menschen. Das ist wichtig in der Sozialisierungsphase, und es besteht auch keine Gefahr von negativen Fehlverknüpfungen. Das ist die Basis für eine gute, entspannte Beziehung zum Halter und auch zu Menschen im Allgemeinen. Schimpfen gießt meist nur Öl ins Feuer. Die Angst, dass das vielleicht doch so bleibt, wenn man jetzt nicht entschieden durchgreift, führt dazu, dass der Mensch ungeplant und emotional reagiert und damit eventuell viel kaputt macht.

HERUNTERKOMMEN IM BEHÜTETEN BEREICH

Für wilde Welpen, die heftig hochdrehen und dabei ihre Zähnchen einsetzen, kann es hilfreich sein, in der Wohnung einen Bereich mit einem Welpengitter abzugrenzen. Dieser Bereich darf kein Straflager sein, sondern sollte vorher mit positiven Emotionen aufgeladen werden (siehe Seite 34, sicherer Welpenplatz). Wird dieser Bereich gern angenommen und du lädst ihn bewusst immer wieder positiv auf durch Kauspielzeug und Kuscheleinheiten, dann kannst du deinen zur Schnappschildkröte mutierten Welpen dort reinbringen, wenn gar nichts mehr geht. Hier

Tipp: Immer die Ruhe bewahren

Bedenke, dass dein Welpe diese wilden Phasen nicht hat, um dich zu ärgern. Er verarbeitet damit Erlebnisse und lässt Frust raus. Je geduldiger und gelassener du reagierst, desto schneller wird er sich beruhigen. Dein Mantra: Durchhalten und Ruhe, Ruhe, Ruhe!

hat er Gelegenheit, sich abzureagieren. Wenn die Bezugsperson in der Nähe bleibt, geht das auch recht schnell. Gerade wenn Kinder im Haushalt leben, ist ein Welpengitter hilfreich.

Let's play – richtig spielen

Spielen ist wichtig für die Entwicklung des Welpen, entweder allein, mit dem Menschen oder mit Artgenossen. Mehr zum Spiel mit Artgenossen findest du ab Seite 98. Damit das Spiel mit dem Menschen positive Lerneffekte hat, ist es wichtig, ein paar Regeln zu beachten:

- Beim Spielen muss sich ein Welpe sicher und unbeschwert fühlen. Er braucht also eine Umgebung, in der er nicht zu aufgeregt ist und die ihn nicht verunsichert. Wenn er mit einem Menschen spielt, muss er diesem vertrauen und dessen Körpersprache schon ein wenig kennen. Dabei sollte der Mensch darauf achten, sich dem Welpen gegenüber freundlich zu verhalten. Klingt logisch, aber oft signalisieren wir Menschen gerade bei der Spielaufforderung dem Hundekind etwas ganz anderes: Wenn wir uns nach vorn beugen, zackige Bewegungen machen oder die kleine Jagdnase mit großen Augen ansehen, dann wirken genau diese körpersprachlichen Signale bedrohlich auf den Welpen. Er wird sich deshalb vielleicht nicht so schnell auf das Spiel einlassen oder verhalten sein. Bitte achte also auf Folgendes:
- Gerade stehen oder in die Hocke gehen, statt sich vornüberzubeugen
- Weiche Bewegungen statt zackige Angriffe
- Blick abwenden statt starres Fixieren
- Freundliches stimmliches Auffordern statt Knuffen und Schubsen
- Achte außerdem auf einen rutschfesten Untergrund und eine ungefährliche Umgebung, damit sich dein Welpe nicht verletzt.
- Reagiert dein Welpe verhalten und vorsichtig, starte am besten, indem du dich auf den Boden setzt. Nimm ein Spielzeug, das stabil und eher länglich ist, und ziehe es von deinem Welpen weg. Besonders gut eignen sich lange, weiche, geflochtene Zerrseile. So hat deine Hand noch genügend Platz zum Festhalten, ohne dass dir die Welpenzähnchen in die Quere kommen. Dein Welpe wird eher in Spiellaune geraten, wenn sein Jagdinstinkt geweckt wird. Achte also darauf, ihm das Spielzeug nicht vor das Gesicht zu halten, sondern lasse es von ihm weg flüchten. Wenn dein Welpe sich traut, dann lobe ihn und feuere ihn freundlich an. Wenn dein Welpe das Spielzeug nimmt und es wegschleppt, dann ist das okay. Du kannst ihn freundlich animieren, mit dir weiterzuspielen. Wenn er nicht mehr mitmachten möchte, ist das auch kein Problem. Das solltest du akzeptieren. Schön wäre es, wenn er das Spielzeug behalten könnte. Wenn das nicht möglich ist, weil er es schnell kaputt machen würde, dann „tausche" das Spielzeug gegen ein anderes hochwertiges Spielzeug oder ein sehr schmackhaftes Leckerchen.
- Sollte dein Welpe zu heftig werden und mehr in Hände statt in das Spielobjekt beißen, überprüfe deine Körpersprache, biete ihm immer wieder das Spielobjekt an,

Richtig Spielen ist wichtig für eine gute Bindung und Beziehung. (Foto: Shutterstock/Melissa Sue)

sprich ruhig mit ihm und lobe ihn, wenn er das Spielobjekt nimmt. Du kannst deinen Welpen auch mit deinen Händen spielen lassen, denn es ist gut, wenn er spielerisch lernt, seine Zähne vorsichtig einzusetzen. Wenn er dabei sanft ist, lobe ihn dafür. Wird er zu heftig, versuche die Erregung wieder mit ruhigerem Spiel runterzufahren. Es erfordert einiges an Übung, Belohnungen und eine ruhige Situation, damit der Welpe es schafft, seinen Kiefer bewusst einzusetzen und zu kontrollieren. Bleibe geduldig und übe dies immer mal wieder.

- Heranwachsende und erwachsene Jagdnasen neigen eher zum Überdrehen als der typische Bernhardiner. Die sogenannten Balljunkies und Hunde, die beim Spielen hochdrehen, findet man bei Jagdhundrassen sehr häufig, denn das Wurfspiel ahmt die Jagdverhaltenskette – Hetzen, Packen … – nach und führt zu einer Dopaminausschüttung. An sich ist das kein Problem, denn für den Dopaminkick ist der Jagdhund selektiert. Allerdings hat exzessives Ballspielen, vor allem, wenn es falsch gemacht wird, sehr viele „Nebenwirkungen“: Brechen wir das Ballspiel abrupt ab, frustriert das den Welpen und den Junghund. Je erregter der Hund beim Ballspiel war, desto mehr Dopamin wird ausgeschüttet – das

Ballspielen, aber richtig:

Übertreibe es beim Ballspielen nicht! Gerade für Welpen ist das abrupte Abstoppen für die Gelenke sehr, sehr ungesund.

- Wenn Ballspiel, dann nur, wenn der junge Hund bereits aufgewärmt ist.
- Spiele nur dort, wo der Untergrund rutschfest und ohne Löcher ist.
- Starte langsam, lasse den Ball ein paarmal kullern, bevor du ihn wirfst.
- Lobe deinen Hund immer, wenn er dir den Ball bringt. Wenn er damit aber eine Runde rennen möchte, lass ihn seinen Spaß haben! Es braucht keine strengen Regeln in dieser Phase.
- Versuche langsam, im Ballspiel die Erregung runterzufahren, indem du weniger weit wirfst und den Ball rollst: Denke im gesamten Spiel an Erregungswellen. Die dürfen kommen und gehen. Nimm deinen Welpen in Sachen Erregung mit und stoppe nicht zu abrupt.
- Nimm dir genügend Zeit zum langsamen Runterfahren.
- Streue am Schluss viele kleine Futterbröckchen auf und um das Spielobjekt und lass den Welpen in Ruhe das Futter aufsammeln.

fühlt sich für den Hund toll an. Wird diese Dopaminausschüttung plötzlich unterbrochen, dann brennt im Hundegehirn ein Feuerwerk ab. Der Hund bellt oder springt hoch, das Erregungsniveau steigt weiter, und auf jeden Reiz, der dann auf das Hundegehirn einprasselt, wird sehr impulsiv reagiert.

Ballspielen ist eine gute Möglichkeit, Bedürfnisse wie Rennen oder auch Hinterherhetzen zu befriedigen. Denn Hetzen und Packen sind genetisch fixiert, und fast jeder Jagdhund spielt gern Ball. Ein Hund kann auch unterscheiden zwischen Ball und Hase. Wenn aber Ball gespielt wird, dann nur entsprechend strukturiert, denn ohne Vor- und Nachspiel können beim Ballspielen Verhaltensprobleme verstärkt werden.

Beim Welpen und Junghund solltest du wegen der Belastung der Gelenke auf wilde Wurfspiele verzichten. Zerrspiele und gemeinsames Rangeln sind erlaubt. Beim Spielen ist es hilfreich, in einer Art Erregungswelle zu denken. Du fängst langsam und sanft an und gibst dann dosiert mehr Gas. Auch das Abbremsen sollte dosiert stattfinden, sodass ihr gemeinsam runterkommt. Wie in der Fahrschule gestaltet sich das Gasgeben und Bremsen auch beim Welpen zunächst schwierig. Bremst du das Spiel zu abrupt ab, ist der Welpenzwerg frustriert und die Erregung geht erst recht durch die Decke. Startest du zu Beginn zu langsam, kann das ebenso in einem frustrierten, beißenden Welpen-Gremlin enden. Lass dich nicht entmutigen und übe das Spielen ganz bewusst. Die Fähigkeit, gemeinsam runterzukommen, ist

Ballspielen sollten Welpen wegen der Gelenkbelastung nur dosiert. (Foto: Shutterstock/Lifeln Pixels)

auch in Zukunft im Alltag mit einer Jagdnase eine echte Schlüsselfertigkeit. Deine Jagdnase wird mit viel PS ausgestattet sein, und es macht Sinn, dass der Welpe seine PS auch mal „ausfahren" darf. Übe also Gasgeben und Bremsen, und das möglichst ohne Frust. Erregung ist auch beim Jagdhund(-Welpen) nichts Schlimmes. Wir müssen nur schauen, wie wir dem Welpenzwerg anschließend zu Entspannung verhelfen.

EIN SIGNAL ZUM SPIELEN

Es macht Sinn, das Spielen mit einem Signal anzukündigen. So weiß ein vorsichtiger Welpe auch in einer Situation, die vielleicht ein wenig herausfordernd ist, dass der Mensch jetzt wirklich spielen will, auch wenn die Körpersprache des Menschen dies nicht eindeutig signalisiert. Auf dem Spaziergang können wir zudem ein Spiel als Belohnung nutzen, wenn wir es vorher ankündigen. Du kannst bei den Ankündigungen unterscheiden zwischen:

- Zerrspiel: Wortsignal „Zerren!", „Pack's dir!"
- Rennspiel: „Gogogo" oder „Action!"
- Wurfspiel: „Ball fliegt!"

Wenn du vorhast, mit deinem Hund später mal Dummytraining zu machen, solltest du zwischen „Arbeitsmaterialien" und Spielzeug unterscheiden. Dummys, die es in unterschiedlichen Ausführungen gibt, werden nur zum Apportieren genutzt und erst dann, wenn der Apport sauber und freundlich aufgebaut wurde.

Hochspringen

Hochspringen ist ein völlig normales Verhalten für Welpen. Sie sind klein und Menschen sind groß. Für sie ist das Gesicht des Menschen wichtig. Der Zwerg möchte unterwürfig unser Gesicht ablecken und springt deshalb an uns hoch. Das Hopsen und Springen ist aus Welpensicht ein sehr freundliches Verhalten. Also kein Grund, grob oder böse zu werden. Das Hochspringen wird bei Welpen schnell zum Selbstläufer, da es meistens mit Aufmerksamkeit belegt wird und der Welpe so fürs Anspringen belohnt wird. Viele Jagdhundwelpen sind wahre Kängurus, was das Springen angeht; auch im Junghundalter und selbst erwachsen kann das Hochspringen noch sehr ausgeprägt vorkommen.

Oftmals reagieren Jagdhunde, Welpen und Junghunde, auch wenn sie eigentlich unsicher im Umgang mit dem Menschen sind, mit heftigem Hopsen. Zum einen versuchen sie so, mit der Bewegung ihre Erregung abzubauen, zum anderen versuchen sie damit, freundlich ihre Unterwürfigkeit zu zeigen. Jedes strenge Schimpfen oder Schubsen würde also die Strategie, den Menschen durch Hochspringen zu beschwichtigen, noch befeuern und ist langfristig nicht zielführend. Deshalb sollte der Welpe zwei Dinge im Zusammenhang mit dem Hochspringen lernen:

- Hochspringen lohnt sich nicht!
- Vier Pfoten auf dem Boden lohnen sich!

Das heftige Springen ist ein Verhalten, das vor allem im ersten Jahr auftritt und sich später verwächst, wenn der Welpe und der Junghund es nicht zu sehr übt. Er sollte auch so wenig wie möglich durch Aufmerksamkeit dafür belohnt werden. Innerhalb der Familie hat sich die Regel „Mach den Baum" bewährt. Kinder bleiben so lange still stehen, bis sich der Welpe beruhigt hat oder ein Erwachsener zu Hilfe kommt. Wenn der Welpe im Haus viel springt, ist es zudem sinnvoll, dass er daheim ein Geschirr mit einer leichten Hausleine trägt. So kann man den Welpen nett und ohne nach ihm zu grapschen oder ihn einzufangen, davon abhalten, an einem Familienmitglied hochzuspringen. Je ruhiger wir Menschen bleiben, desto besser.

Draußen oder in Besuchssituationen wird der Welpe auch schnell fremde Menschen anspringen wollen. Halte deshalb ausreichend Abstand und sichere ihn mit der Leine. Passanten finden Welpen oft süß, laufen auf deinen Vierbeiner zu, sprechen ihn an, und schon ist der Welpe hochgesprungen. Genau dafür bekommt er dann häufig erst recht Aufmerksamkeit und die Menschen streicheln den Welpen sogar. Wenn du also nicht einschätzen kannst, wie dein Gegenüber reagiert,

Tipp: Tragen statt hopsen

Manchen kleinen Jagdnasen hilft es, in aufregenden Begrüßungsreaktionen etwas zum Tragen zu bekommen, ein Plüschspielzeug, einen Schuh oder eine Kaustange in den Fang zu nehmen – dann hopsen sie viel weniger. Probiere einfach aus, ob es bei deinem Zwerg funktioniert.

Dein Welpe erkundet irgendwann, was auf dem Tisch liegt. Dort sollte er nie etwas Fressbares vorfinden. Dann legt sich das Hochspringen an der Küchenzeile bald wieder. (Foto: Shutterstock/Africa Studio)

halte Abstand und schau, dass dein Welpe gar keine Gelegenheit hat, den Menschen anzuspringen. Wenn er im Abstand ruhig an einem Menschen vorbeiläuft, belohne ihn immer!

WAS TUN, WENN DER WELPE HOPST?

- Sobald der Hund hochspringt, bewegt sich der Mensch (der angesprungen wird) nicht mehr, schaut den Welpen nicht an und spricht nicht mit ihm.
- Wenn er einen Fremden anspringt, sprich deinen Welpen freundlich an, sobald er reagiert, markiere das gute Verhalten und belohne ihn, indem du eine Handvoll Trockenfutter auf den Boden wirfst.
- Reagiere, bevor der Welpe springt! Wenn dein Welpe auf dich oder einen Menschen zuläuft und alle vier Pfötchen sind noch am Boden, markiere dies sofort und wirf eine Handvoll Trockenfutter auf den Boden.
- Achte auf die Körpersprache: Welpen springen heftiger, wenn die Person, die vor dem Hund steht, sich vornüberbeugt oder mit der Hand in Richtung Hundekopf greift.
- Halte den Welpen davon ab zu springen, indem du ihn an die Leine nimmst und ihn für „nur gucken – nicht springen“ belohnst.

HOCHSPRINGEN AM TISCH UND AN DER KÜCHENZEILE

Die „Ich-spring-mal-auf-die-Küchenablage“-Phase beginnt meist, wenn der Welpe zum

Junghund wird und der Erkundungsdrang noch größer wird. Ich schreibe bewusst „Phase“, denn wenn der kleine Wildling in dieser Zeit nicht das Schnitzel auf der Ablage erwischt, dann legt sich dieses Verhalten ganz schnell wieder, ohne dass du viel eingreifen musst. Allerdings gilt auch hier: Hunde lernen immer am Erfolg – und ist er noch so klein ... Deswegen sollte die Jagdnase auch nicht einen Krümel finden, wenn er den Tisch oder die Küchenablage abcheckt. Wenn du merkst, dass dein Welpe immer erkundungsfreudiger in Sachen Essbares wird, dann solltest du vorsorgen:

- Wenn du nicht garantieren kannst, dass nichts auf der Ablage liegt, dann mache ein Kindergitter an die Küchentür, sodass die Jagdnase gar nicht an die neuralgischen Stellen kommt.
- Wenn du nicht garantieren kannst, dass der Hund am Tisch hochspringt (ja, vielleicht wird er es auch dort probieren): Mache ihn in deiner Nähe mit Geschirr und Leine fest und gib ihm einen gefüllten Kong oder etwas zu kauen, damit er anderweitig beschäftigt ist. Das ist übrigens auch eine wunderbare Prävention gegen aufdringliches Betteln.
- Und auch hier: Belohne (Markersignal + Futter auf den Boden werfen) in dem Moment, in dem dein Hund an der Ablage steht und nur schaut und (noch) nicht springt.

Belohne auch, wenn dein Hund „nur“ brav auf seinem Platz liegt, während du isst oder etwas in der Küche zubereitest. Denn wir übersehen oft, wenn die Hunde brav irgendwo liegen, und reagieren erst, wenn sie Mist bauen.

Alles meins!

Jedes Lebewesen ist darauf ausgerichtet, seine Ressourcen zu sichern. Schon unter kleinen Welpen gilt: Das, was zwischen deinen Pfötchen liegt, darfst du behalten. Auch die Hundemama würde dem Zwerg nicht einfach etwas wegnehmen. Aus Hundesicht ist es also ganz normal, Ressourcen zu „sichern“, besonders wenn der Welpe merkt, dass der Mensch diese Regel nicht befolgt. Dabei sollte der Welpe doch lernen, dass er dem Menschen vertrauen kann. Er sollte keinerlei Sorge haben, dass dieser für ihn unberechenbar ist.

Für dich bedeutet das: Wenn dein Welpe etwas „gefunden“ hat, nimmst du ihm das nicht einfach weg! Auch Hinterherrennen verstärkt das Verhalten noch, denn dein

Diese Anzeichen sprechen für Ressourcenverteidigung

(in aufsteigender Reihenfolge):

- *Wegschauen, blinzeln, Kopf wegdrehen*
- *Abducken über dem Objekt der Begierde*
- *Einfrieren und nicht mehr bewegen*
- *Versuchen, das, was man hat, schnell hinunterzuschlingen*
- *Sachen wegtragen: unter den Tisch, weil der Mensch da nicht hinkommt, oder ins sichere Körbchen/in die Box*
- *Knurren*
- *Abschnappen*

Sichern von Ressourcen ist normales Hundeverhalten. Wir müssen fair und freundlich üben, dass der Hund Dinge gerne wieder abgibt. (Foto: Shutterstock/alexei_tm)

Welpe denkt, er hat etwas so Wichtiges gefunden, dass auch du es haben möchtest.

Die Bereitschaft, Ressourcen zu sichern oder sogar zu verteidigen, ist innerhalb einer Rasse und innerhalb eines Wurfs sehr unterschiedlich ausgeprägt. Umso wichtiger ist es, dass wir ein Auge darauf haben und die ersten Anzeichen erkennen. Dann kann man einfach und effektiv gegensteuern.

Auch bezüglich ihrer Reaktion sind kleine Jagdnasen sehr individuell. Einige schleppen ihre „Beute" schnell weg. Andere verteidigen bereits sehr früh, auch unter Geschwistern, ihre „Schätze" mit Knurren und Abschnappen. Ein Welpe, der knurrt, hat vorher sicherlich schon viele Zeichen gesendet, die aber nicht zum „Erfolg" geführt haben, und so muss er nun knurren, damit man ihn hört. Meistens reagieren die Hundebesitzer dann sehr überrascht, dass der putzige Welpe plötzlich so ernst sein kann. In keinem Fall solltest du emotional reagieren oder schimpfen. Vielmehr solltest du die Situation entschärfen, indem du den Abstand vergrößerst und dich deeskalierend verhältst. Häufig kann man die Situation ganz schnell entspannen, indem man in die Küche geht und den kleinen Hund dann ruft. Wenn die Jagdnase dich anknurrt, nimm es nicht persönlich, sondern sieh es als Information, dass es hier Trainingsbedarf gibt.

Denk immer dran: Wir trainieren nie in der Situation, sondern für die nächste Situation. Deswegen brauchst du in der Situation, in der der Welpe knurrt, erst einmal nichts tun, außer die Situation zu entschärfen!

Ab jetzt muss der Welpe aber lernen: Annäherung des Menschen bedeutet etwas Gutes, auch wenn man einen „Schatz" zwischen den Pfoten liegen hat. Wenn dein Hund also etwas gefunden hat, ein Spielzeug oder einen Schuh, nimm es nicht einfach weg. Wenn du dich annäherst, markiere ruhiges Verhalten und wirf eine Futterbelohnung zu deinem Welpen. So lernt die Jagdnase, dass etwas Gutes passiert und dass er sich vor dem Menschen nicht fürchten muss.

Wenn dein Welpe doch etwas findet, was er nicht haben darf, tausche immer mit deinem Welpen. Passende Tauschobjekte können Trockenfleisch oder kleine Wurststückchen sein. Zusätzlich kannst du bei ungefährlichen Dingen, die der Welpe mopst, hingehen, tauschen, belohnen und dann dem Welpen zusätzlich wieder das Ding geben, das er ursprünglich interessant fand. So lernt der Welpe schnell, dass bei Annäherung des Menschen nicht gleich der ganze Spaß vorbei ist, sondern manchmal tolle Sachen passieren.

Knurren, Bellen und akustische Kommunikation

Welpen äußern sich akustisch sehr unterschiedlich. Tendenziell nutzen alle Hunde, die auf der Jagd einen sogenannten Laut geben, diesen auch, wenn sie frustriert oder erregt sind.

Bellen und Knurren gehören zum normalen Kommunikationsrepertoire eines Hundes, und gerade Welpen üben sich darin. Es gibt also keinen Grund, dies zu bestrafen. Knurrt dein Welpe im Spiel und hat dabei kurvige Körperbewegungen, besteht gar kein Handlungsbedarf. Er probiert sich und sein Stimmchen im Spiel aus, signalisiert aber mit einem kurvigen Körper, dass er das alles nicht so ernst meint.

DER WUNSCH NACH MEHR DISTANZ

Hat dein Welpe eine Ressource oder liegt er zum Beispiel auf dem Sofa und knurrt, wenn du dich näherst, signalisiert er dir, dass er gern mehr Distanz möchte. Vielleicht hat er schon gelernt, dass der Mensch ihm diese Ressource abnehmen möchte oder, im ungünstigsten Fall, dass der Mensch in diesen Situationen immer auf Angriff geht. Dann ist es erst mal nicht verwunderlich, dass der Welpe knurrt. Hier haben sich einige Kommunikationsprobleme zwischen Mensch und Hund summiert. Die Nähe des Menschen muss also in solchen Situationen wieder positiv belegt werden. Noch mehr Druck oder Strafe, was in diesem Kontext von Laien oft geraten wird, würde nur Öl ins Feuer gießen und den Hund noch unsicherer machen. Hol dir hierfür am besten Unterstützung von erfahrenen und gewaltfrei arbeitenden Trainern deines Vertrauens (siehe Seite 46).

AUF KNURREN REAGIEREN

Dennoch solltest du ernst nehmen, wenn dein Welpe knurrt. In seiner Sprache heißt das: Ich hätte gern mehr Distanz, ich fühle mich nicht wohl! Nur wenn du seine Sprache verstehst, lernt er, dass er dir vertrauen kann. Nimm das

Mit Bellen bringt der Hund oft seine Unsicherheit zum Ausdruck. (Foto: Shutterstock/Mary Swift)

Knurren als Hinweis, dass dein Hund in dieser Situation noch Trainingsbedarf hat. Er muss lernen, dass er keine Sorge um seine Ressource haben muss, dass es okay ist, wenn der Mensch auch mal was wegnimmt (denn meistens gibt es dafür sogar etwas Besseres) und dass er dir vertrauen kann, auch wenn du ihm nahe kommst. Deine Aufgabe ist es, die feinen Zeichen deines Hundes zu deuten und ihn zu belohnen, wenn er noch nicht knurrt und sich noch nicht unwohl fühlt.

Das Bellen eines Hundes ist meist ein Zeichen für Erregung oder Unsicherheit. Schaue auch hier genau hin, was der Welpe in diesen Situationen bezwecken möchte und was er lernt bzw. was verstärkt wird. Ein unsicherer Welpe sollte in diesen Situationen die Gelegenheit bekommen, sich das Gruselige mit Unterstützung des Menschen anzusehen. Ein aufgeregter Hund braucht einen ruhigen Menschen, der ihm wieder auf Normalniveau hilft (siehe Seite 65).

So geht's: Gewöhnen ans Angefasstwerden

Schritt 1:
Noch keine Hände am Hund: Ankündigung „Pfote" ➡ Hingreifen ➡ Markersignal ➡ Hände weg vom Hund und loben ➡ Futterbelohnung
Praktiziere das mehrere Male an unterschiedlichen Tagen.

Schritt 2:
Noch keine Hände am Hund: Ankündigung „Pfote" ➡ Hingreifen und ganz kurz festhalten ➡ Markersignal ➡ Hände weg vom Hund und loben ➡ Futterbelohnung.
Praktiziere diese Schritte mehrere Male an unterschiedlichen Tagen. Wenn dein Hund zappelt oder sich unwohl fühlt, gehe einen Schritt zurück.

Schritt 3:
Noch keine Hände am Hund: Ankündigung „Pfote" ➡ Hingreifen und das Halten ein wenig zeitlich ausweiten ➡ Markersignal ➡ Hände weg vom Hund und loben ➡ Futterbelohnung.
Praktiziere das mehrere Male an unterschiedlichen Tagen. Wenn dein Hund zappelt oder sich unwohl fühlt, gehe einen Schritt zurück.
Nutze diese Übung für die wichtigsten Maßnahmen wie Pfotenabwischen, Ohrenkontrolle, Zeckenentfernen, Zahn- und Augenkontrolle.

Anfassen und Tierarzttraining

Kleine Jagdnasen sind Freigeister – meist gehört Festgehaltenwerden nicht zu ihren Vorlieben. Zwar kuscheln und schmusen viele von ihnen gern mit dem Menschen, dies aber freiwillig und nicht, wenn sie eingeschränkt werden. Damit es später keine Probleme bei Pflegemaßnahmen wie Krallenschneiden, Ohrenputzen, Zeckenziehen, Pfotensaubermachen oder beim Tierarzt gibt, solltest du deinen Welpen darauf vorbereiten.

Zunächst überlege, an welchen Stellen des Körpers dein Welpe gern angefasst wird und die Berührungen genießt und an welchen Stellen er Berührungen nicht so gut akzeptieren kann oder vielleicht aufgeregter wird. Du kannst dir den Körper deines Welpen wie eine farbige Landkarte vorstellen. Es gibt rote Stellen, gelbe und grüne. Wenn dein Welpe entspannt bei dir liegt, kraule und massiere zunächst die grünen Stellen, damit sich dein Hund entspannen kann. Nimm hierfür gern beide Hände. Dann nimm eine Hand weg vom Hund und fasse kurz eine gelbe Stelle an, wechsle sofort danach wieder zu einer grünen Stelle. So wertest du die gelben Stellen auf, weil nach jedem Anfassen wieder etwas Schönes passiert. Wiederhole dieses Vorgehen mehrmals. Wenn du die gelben Stellen bereits über ein paar Tage aufgewertet hast, wechsle zu den roten Stellen und gehe dort genauso vor.

Liegt deine kleine Jagdnase total entspannt bei dir, kannst du sie auch immer wieder kurz festhalten und danach eine grüne Stelle ganz ausgiebig streicheln und kraulen. Auch so wertest du das Festgehaltenwerden

Nicht jeder Welpe findet Berührungen angenehm. Mit Geduld und Training kann er aber daran gewöhnt werden, dies zu akzeptieren. (Foto: Shutterstock/eva_blanco)

schon von Welpenpfoten an nebenbei auf. Außerdem kannst du deinen Welpen auch immer wieder spielerisch untersuchen. Achte hier ebenfalls darauf, immer nur kurz potenziell unangenehme Dinge zu machen, und widme dich direkt im Anschluss ausgiebig einer grünen Stelle. Deine kleine Jagdnase sollte sich bei diesen Übungen immer wohlfühlen, nur dann ist dein Training nachhaltig. Wenn du so alle roten Stellen eliminiert hast, kannst du beginnen, bestimmte Bereiche des Körpers bzw. Manipulation an diesen Stellen zu benennen und das kurze Stillhalten belohnen (siehe Kasten links).

Wenn du merkst, dass dein Welpe Mühe mit dem Angefasstwerden hat, dann suche dir hier Unterstützung. Es gibt viele Trainer und Trainerinnen, die Medical Training für Welpen im Einzel- oder Onlinetraining bieten. Es ist sinnvoll, einen guten Grundstein zu legen, denn es ist für Hund und Halter extrem belastend, wenn der Hund, nachdem er die Zeckenzange in der Hand seines Menschen sieht, sofort in den Keller verschwindet.

Die orale Phase oder alles rein ins Mäulchen

Neben der Beißphase, die Welpenbesitzer oft an ihre Grenzen bringt, ist das Fressen von undefinierbaren Dingen draußen beim Spaziergang fast genauso anstrengend wie das Beißen. Der Welpe ist wie ein Staubsauger unterwegs und sammelt alles auf, was am Boden liegt. Die Angst vor Giftködern ist

In der oralen Phase wird einfach alles in den Fang genommen. Aber keine Sorge: Das gibt sich nach einiger Zeit meist von selbst wieder. (Foto: Shutterstock/iVangelos)

groß. Sie lassen uns, wenn der Welpenzwerg sich gerade wieder was in die Schnute schiebt, nicht gerade entspannt reagieren. Ein „Aus" heißt spätestens dann für den jungen Hund: Egal, was es ist, ich schluck es schnell runter, sonst kommt mein Mensch und nimmt es mir weg.

WIE REAGIERT MAN RICHTIG?

Erst mal vorweg: Welpen haben wie Babys eine orale Phase. In dieser Zeit nehmen sie alles in den Fang und probieren, ob es schmackhaft ist oder nicht. Es gehört zur normalen Entwicklung, dass ein Welpe so seine Welt erkundet.

Dennoch müssen wir Hundehalter natürlich schauen, dass dabei nichts passiert. Deswegen sollte zumindest innerhalb der Wohnung alles welpensicher sein: Mehr dazu auf Seite 35. Und auch draußen gilt: Sei vorausschauend unterwegs. Wenn auf deinem Weg ein Taschentuch auf dem Boden liegt, kannst du davon ausgehen, dass sich dein Welpe dafür interessieren wird, es vielleicht sogar fressen wird. Deswegen beschreibe großzügig einen Bogen um solche Dinge, denn das Interesse an Taschentüchern und Co erledigt sich in der Regel mit fortschreitendem Alter von selbst. Eine sorgfältige Wahl des Spazierwegs ist also schon die halbe Miete. Aber leichter gesagt als getan. Wenn man zum Beispiel in der Innenstadt lebt und dort mit seinem Welpen zum Pipimachen rausmuss, können solche Gänge zum Spießrutenlauf werden.

Dennoch macht es keinen Sinn, dem Welpen hektisch alles aus dem Mäulchen zu nehmen. Grundsätzlich solltest du nur im Notfall dem kleinen Hund in den Fang greifen, um ihm etwas wegzunehmen, denn mit jedem Mal lernt er: Mein Mensch möchte das auch, was ich da im Fang habe, es muss also wichtig sein.

Zusätzlich bekommt er für das Aufsammeln und In-den-Fang-Nehmen von Dingen

So geht's: Spuck's aus

- *Wenn du mit deinem Welpen spielst, kannst du ihm unterschiedliche Objekte, die er gut in den Fang nehmen kann, anbieten. Achte bei der Auswahl darauf, dass diese Dinge zwar spannend sind, aber nicht zu hochwertig und auch nicht gefährlich. Dazu solltest du deinen Welpen schon ein bisschen kennen, denn Vorlieben sind unterschiedlich. Manche Jagdnäschen lieben es, auf Kunststoff herumzukauen, andere lieben Stoff und die nächsten fressen mit Vorliebe Papier.*
- *Nimm also, was dein Welpe interessant findet, aber nicht gleich zerbeißen oder fressen möchte (zum Beispiel eine leere Klorolle, einen Plastiklöffel, ein verknotetes Stück Stoff). Spiele nun mit deinem Welpen.*
- *Immer, wenn er seinen Fang öffnet, markiere dieses Verhalten sofort und zaubere eine High-End-Belohnung hervor.*
- *Relativ schnell wird dein Welpe Dinge in den Fang nehmen, dich erwartungsvoll ansehen und diese dann ausspucken. Der nächste Schritt ist erreicht!*
- *Wenn du weißt, dass der Welpe gleich das Schnäuzchen öffnet, kannst du dein neues Wort fürs Ausspucken sagen, dann markieren und dann belohnen. Du legst das Signal quasi auf das gewünschte Verhalten.*
- *Das wiederholst du wieder in einigen Einheiten mit unterschiedlichen Objekten, sodass es sich festigt. Bedenke aber, es braucht viele Wiederholungen und langsam steigende Anforderungen, bis es der Welpe verinnerlicht hat. Nur weil der Welpe einen ollen Plastiklöffel ausspucken kann, gelingt das noch lange nicht mit einer Wurst.*
- *Du musst auch hier die Anforderungen langsam steigern. Und ebenso spielt die Umgebung eine Rolle. Wenn der Welpe es drinnen kann, kann er es noch lange nicht draußen. Denke immer daran, genügend kleine Schritte beim Lernen zu machen, und übe erst im Haus, dann im Garten oder auf der vertrauten Runde, dann in neuen Gebieten und dann erst dort, wo noch mehr los ist.*

eine Menge Aufmerksamkeit, was sehr belohnend für die kleine Jagdnase ist. Du solltest also ein Auge auf deinen Welpen haben und schauen, was er aufsammelt, dies aber, ohne hektisch zu werden. Dein Vierbeiner soll außerdem lernen, dass es sich lohnt, Dinge auszuspucken. Immer wenn er also den Fang öffnet und etwas ausspuckt, belegst du dies sofort mit dem Markersignal, lobst ihn und belohnst ihn großzügig. Viel wichtiger ist aber, dass du reagierst, bevor dein Welpe etwas ins Mäulchen nimmt. Wenn er freiwillig, an lockerer Leine, an einem potenziellen „Das-könnte-ich-auch-mal-probieren"-Objekt vorbeiläuft, dann markiere und belohne das. Wenn er zu einem Objekt seiner Begierde an der Leine hinzieht, bleibe stehen und warte ab, ob er sich nicht freiwillig zu dir umdreht. Jede Kooperation mit dem Menschen, wenn Futter oder Fressbares im Spiel ist, muss fürstlich entlohnt werden.

AUS – EIN LOHNENDES SIGNAL

Ergänzend solltest du mit deinem Welpen ein „Aus"-Signal üben. Die wenigsten Hunde haben gelernt, dass „Aus" heißt: Öffne deinen Kiefer und schubse mit der Zunge das raus, was da drin ist. Die meisten Hunde verknüpfen mit einem „Aus" oder „Pfui": Achtung, mein Mensch wird gleich böse. Das ist nicht hilfreich, denn Stress und Angst machen den Kiefer fest. Dein Welpe sollte erst mal spielerisch lernen, dass „Aus" ein tolles Signal ist und sich lohnt. Ich nehme hierfür auch gern ein anderes Signal, das zum einen keine negative Assoziation für den Menschen hat, zum anderen aber auch noch nicht sprachlich „abgenutzt" ist. „Spucken", „Ausspucken", „Drop" oder „Leave it" eignen sich dafür oft besser.

LEBEN MIT EINEM „STAUBSAUGER"

Was du bei einem Staubsaugerwelpen immer im Kopf haben solltest: Aufsammeln von Dingen ist sehr oft stressgesteuert. Je aufgeregter eine kleine Jagdnase ist, desto mehr wird sie Dinge vom Boden aufnehmen, fressen und schlucken. Agiert dein Hund also schon wie ein Müllschlucker, überlege kurz:

- Ist die Umgebung, in der ich unterwegs bin, vielleicht doch zu aufregend für ihn?
- Sind dort zu viele Auslösereize? Hunde, Wild, Menschen …
- Bin ich zu lange in einer stimulierenden Umwelt?
- Verlange oder fordere ich zu viel?
- Hat der Welpe Frust?

Kleine Jagdnasen kompensieren ihren Stress oft durch Fressen von Unfressbarem. Gerade bei Hunden, die darauf selektiert sind, in der jagdlichen Arbeit zu apportieren, ist der Einsatz des Mauls in aufregenden Situationen sehr wichtig. Du kannst noch so viel üben und deinem Hund antrainieren, dass er Dinge ausspuckt und an Müllschätzen vorbeiläuft, die Ursache bleibt bestehen. Achte darauf, dass du eure Gassigänge und Ausflüge an die Umgebung anpasst. Denn sonst generalisiert der Welpe schnell: Hier war es das letzte Mal spannend, das wird diesmal sicher auch so

Ein Welpe sollte die Möglichkeit haben, sich in aller Ruhe draußen zu lösen. Meist geht das am besten, wenn er nicht durch die Umgebung abgelenkt ist. (Foto: DBasler)

sein; ich habe schon Stress, auch wenn nichts ist. Wenn es aufregend war, weil ihr viele Hunde getroffen habt, dann gehe lieber schneller oder früher wieder nach Hause. Wenn es windig ist und der kleine Hund sehr aufgedreht ist, dann solltest du die Zeit draußen auch kürzer halten. Wenn der „Kanal" des Welpen voll ist, wird Fressen immer wichtiger.

Stubenreinheit

Auch in Bezug aufs Sauberwerden sind Welpen sehr unterschiedlich. Manche kommen in ihre neue Familie und sind sofort stubenrein, andere brauchen fast ein halbes Jahr, bis keine Malheurs mehr im Haus passieren. Sensible Jagdnasen brauchen aus meiner Erfahrung grundsätzlich ein wenig länger als der Durchschnitt. Dennoch gibt es einige Parameter, die sich auf die Stubenreinheit auswirken:

- Idealerweise hat man im Garten oder vor der Haustür ein ruhiges Eckchen, in dem sich der Welpe entspannt lösen kann. Ruhig deshalb, weil Welpen in spannenden Situationen oft vergessen, dass sie ihr Geschäftchen machen wollten. Je leichter ablenkbar der Welpe ist, desto ruhiger sollte der Platz zum Lösen sein.
- Außerdem sollte der Platz schnell erreichbar sein, sodass man den Zwerg auch noch dorthin tragen kann, wenn er in der Wohnung schon Anstalten macht, dass er sich nun lösen wird.

- Nach jedem Aufstehen, nach dem Spielen und gegebenenfalls auch nach dem Fressen sollte der Welpe dorthin gebracht und gelobt werden, wenn er sein Geschäft verrichtet hat.
- Wichtig: Ein Welpe kann organisch bis zur 20. Woche seinen Schließmuskel noch gar nicht richtig willentlich steuern. Die Verbindung zwischen vorn und hinten ist quasi noch nicht angelegt. Deswegen kann es auch immer passieren, dass etwas danebengeht.
- Viele Welpen sind mit ihren Besitzern draußen und vergessen, dass sie Pipi müssen. Kaum in der Wohnung angekommen, entspannen sie sich und es läuft einfach ... Kurzhaarige Winterwelpen haben es übrigens am schwersten. Wenn sie nach draußen gebracht werden, ist ihnen oft kalt und der Zwerg verspannt sich. Pipimachen ist dann doppelt schwierig und der Welpe bleibt lieber in der warmen Stube.

Beim Thema Stubenreinheit ist also Geduld angesagt. Auch wenn die Wurfgeschwister vielleicht schon alle stubenrein sind, solltest du dir keine Sorgen machen. Nur wenn der Welpe im Winter übermäßig häufig Pipi muss, solltest du zum Tierarzt gehen und eine Blasenentzündung ausschließen.

Auch bei Besuch oder in Begrüßungssituationen passiert es häufig, dass Welpen und Junghunde ein kleines „Freudenpipi" machen. Dies passiert ebenfalls nicht willentlich, der Vorgang ist hormonell gesteuert: Erregung schubst das Hormon ADH in die Höhe, und das ist für die Regulation des Wasserhaushalts zuständig. Wenn der Schließmuskel noch nicht willentlich kontrollierbar ist, läuft es einfach raus. Du kannst aber daran arbeiten, dass Begrüßungssituationen weniger aufwühlend sind. Achte darauf, dass die kleine Jagdnase nicht noch mit hoher Stimme angeredet wird, dass sich keiner über sie beugt, denn das löst noch mehr unterwürfiges Verhalten aus, zu dem auch Pipimachen gehört. Rede stattdessen ruhig mit dem Hund, stelle dich eher seitlich und schaue ihm nicht in die Augen. Dies gilt natürlich auch für den Besuch. Idealerweise gibst du dem Welpen etwas anderes zu tun. Wenn kurz alle vier Pfoten am Boden sind, kannst du ihm eine Kaustange geben, die er dann auf seinem Platz knuspern kann.

Sinnvolles Beschäftigen

Kleine Jagdnasen bringen schon eine Menge Fähigkeiten mit. Manche apportieren von Welpenbeinen an, und das sogar schon in die Hand des Menschen, andere haben Interesse am Verfolgen von Objekten wie Spielzeug. Die meisten Jagdhundwelpen sind sehr schnell und leicht zu begeistern und machen sofort alles mit.

Oft wird von Welpenhaltern an mich die Frage herangetragen, wie man denn die kleine Jagdnase beschäftigen kann. Ich frage dann genau zurück, denn meist steckt der Wunsch dahinter, dass der Welpe daheim ruhiger und entspannter ist. Hier müssen wir zunächst klären, ob der Welpe vielleicht nicht zur Ruhe kommt, weil er zu viel Input über den Tag bekommt. Wie auf Seite 32 beschrieben, bekommt er dann schnell die „Nach-müd-kommt-blöd“-Phase und überdreht dann gerne mal. Wird der Welpe dann noch mehr beschäftigt, entsteht ein Teufelskreis, den man am Ende nur noch schwer durchbrechen kann. Das ist langfristig ungesund für den Hund.

Ein Welpe braucht, wenn er die Möglichkeit zum Erkunden hat und seine Bedürfnisse so weit gedeckt sind, noch keine strukturierten Beschäftigungseinheiten in Hundeschulen oder Vereinen. Oft ist das Setting dort viel zu stimulierend für Welpen, und konzentriertes „Arbeiten“ ist nicht möglich. Das kleine Hundegehirn ist mit seiner Entwicklung und den neuen Reizen im Alltag meist schon ausreichend beschäftigt. Zudem sollten Hundebesitzer den Fokus auf Alltagstauglichkeit im Training legen, und hier ist bei einem Jagdhundwelpen schon genügend zu tun.

Allerdings ist es natürlich erlaubt und auch sinnvoll, den Welpen mit einfachen Futtersuchen oder Erkundungsspielen zu beschäftigen. Achte darauf, dass du die Einheiten so gestaltest, dass der Welpe oder Junghund sich nicht zu viel zurücknehmen muss und dass er in seinem Tempo erkunden kann.

Dein Hund sollte also vor allem seine Nase und seinen Kopf bei den Beschäftigungseinheiten anstrengen. Gib deinem Hund nach

In den ersten Wochen sollte man Welpen nicht mit Beschäftigungseinheiten überfordern. (Foto: Shutterstock/Christian Mueller)

Tipp: Welpen und Junghunde sinnvoll beschäftigen

- *Schleckmatten und Schleckspielzeuge mit Nassfutter, Babygläschen oder Leberwurst – gefroren oder frisch*
- *Gefüllter Kong oder gefüllte Futterspielzeuge: Achte darauf, dass dein Hund sich hierfür zwar anstrengen muss, aber dass er die Lust nicht verliert.*
- *Schnüffelteppich*
- *Trockenfutter in den Garten streuen*
- *Einen Karton mit Leckerchen befüllen und diesen öffnen und zerstören dürfen*
- *Klorollen mit Leckerchen befüllen und die Enden umknicken*
- *Altes Küchentuch mit Leckerchen befüllen, verdrehen und verknoten*
- *Leberwurstkleckse auf unterschiedliche Höhen an Baumstämme tupfen und den Hund suchen lassen (alternativ kann man auch weiche Käsestücke in die Rinde drücken)*
- *Leckerchen im Garten verstecken*
- *Einen Karton mit Zeitungspapier füllen und dort Leckerchen oder Spielzeug verstecken*
- *Futterpuzzles und Intelligenzspielzeuge für Hunde*

den Suchaufgaben auch Zeit, wieder runterzukommen. Am besten über ein festes Ritual, bei dem du mit einem Signal (z. B. „Fertig") alle Gegenstände, mit denen ihr gearbeitet habt, wegräumst und ihm zum Abschluss noch etwas zu kauen oder ein Stückchen Dörrfleisch gibst, um zur Ruhe zu kommen.

Wurf- und Hetzspiele sind, wie ab Seite 36 bereits beschrieben, beim jungen Hund erlaubt, aber nur, wenn sie konsequent mit Warm-up und Cool-down praktiziert werden. Um den Hund auszupowern oder müde zu machen, sollten sie niemals genutzt werden. Hier sind in jedem Fall Kopfarbeit und Suchaufgaben die besseren Varianten. Bedenke auch immer, dass Wurf- und Hetzspiele äußerst belastend für die Gelenke eines Welpen und Junghundes sind. Zu viel davon ist langfristig schädlich für den Bewegungsapparat.

Und noch etwas: Kleine und große Jagdhunde sind körperlich so gut wie nicht totzukriegen. Wenn es um Bewegungsmuster aus dem jagdlichen Kontext geht, seien es Hetzspiele, Rennen oder Suchen, dann machen Jagdhunde das bis zum Kollaps. Die Selektion bei den Arbeitshunderassen bringt mit sich, dass die Hunde aufgrund des Dopamins schmerzunempfindlich sind und damit auch ihre Grenzen überschreiten. Hier muss man seinen Vierbeiner vor sich selbst schützen. Es ist schlichtweg tierschutzrelevant, einem Border Collie bei 40 Grad den Ball zu werfen, denn er wird nicht von selbst aufhören, auch wenn er vollkommen erschöpft ist.

Am Fahrrad laufen und gemeinsames Joggen sind mit dem Welpen und Junghund erst mal tabu. Erst wenn der Hund ausgewachsen ist, kann man damit langsam beginnen. Hier solltest du am besten einen Hundephysiotherapeuten zurate ziehen. Er oder sie kann das Gangbild und die Bemuskelung beurteilen und damit feststellen, ob und welcher Sport für den Junghund schon geeignet ist, ohne schwerwiegende Probleme mit dem Bewegungsapparat zu riskieren. Genauso verhält es sich, wenn der junge Hund für den Dummysport oder die Rettungshundearbeit eingesetzt werden soll. Bei all diesen Einsatz- und Sportarten muss auch der junge, gesunde Hund zwingend immer aufgewärmt werden. Ein Cool-down, wie bei Sportlern und Sportlerinnen üblich, sollte auch beim Hund auf dem Programm stehen. Das ist zum einen für die Muskeln, aber auch für den Erregungsabbau wichtig.

Bei jeder Beschäftigung sollte immer die Bedürfnisbefriedigung des Hundes im Vordergrund stehen. Die vorhandenen Fähigkeiten und Fertigkeiten sollten dabei aufgegriffen werden, und der Hund sollte möglichst wenig in seinen jagdlichen Bewegungsmustern unterbrochen werden, damit die Beschäftigung auch einen Mehrwert für den Hund hat. Innerhalb einer Einheit solltest du also darauf achten, dass der Hund möglichst wenig Frust hat. Falscher Ehrgeiz ist hier selbstverständlich fehl am Platz.

Welpen kann man auch mit Erkundungs- und Schnüffelaufgaben begeistern. (Foto: Shutterstock/Morgan Mad)

QUALITÄT VOR QUANTITÄT

Ein Jagdhund in Nichtjägerhand braucht Beschäftigung, um glücklich und zufrieden zu sein. Bedenke aber, dass nicht die Quantität der Beschäftigung dabei ausschlaggebend ist, sondern die Qualität. Falsche oder unpassende Beschäftigung kann beim Jagdhund dazu führen, dass er im Alltag noch schlechter entspannt und Jagdverhalten sogar schneller ausgelöst wird. Ein Vorstehhund, dessen einzige „Beschäftigung" lange Spaziergänge oder Fahrradtouren sind, wird langfristig unglücklich werden, weil er seine Talente und Fähigkeiten nicht ausleben kann. Du kannst bereits bei deinem Junghund beobachten, was er gerne macht, wie er sich gerne bewegt und was seine bevorzugte Suchform ist.

Bedürfnisse und Vorlieben ändern sich zwar in der Jugendentwicklung häufig, dennoch sind bereits bei Welpen schon bestimmte Anlagen zu erkennen. Bedenke auch immer, dass wir Hundehalter oft die Rassebrille aufhaben und dadurch viele tolle Fähigkeiten verkennen. Nicht jeder Retriever apportiert gern, aber vielleicht ist genau dieser Retriever beim Canicross total motiviert. Und nicht jeder Beagle möchte mit tiefer Nase suchen. Bei der Wahl der richtigen

Ein Schnüffelteppich eignet sich toll zur ruhigen Beschäftigung. (Foto: Shutterstock/CHPStock)

Beschäftigung solltest du außerdem immer das „Drumherum", also das Setting, im Kopf haben. Dort, wo die Beschäftigung stattfindet, sollte der Hund sich wohlfühlen. Wenn andere Hunde mit dabei sind, sollte dein Hund sich dabei konzentrieren können. Er sollte keine Angst vor ihnen haben, aber auch nicht zu abgelenkt sein, sodass er nur noch die anderen Hunde im Kopf hat. Aus diesem Grund ist es wichtig, dass solche Einheiten, wenn sie mit Welpen und Junghunden stattfinden, klug aufgebaut sind, denn Artgenossen sind zu dieser Zeit ganz besonders attraktiv. Sich dann auf den Menschen zu konzentrieren ist für eine kleine Jagdnase sehr schwierig. Deswegen müssen die Einheiten kurz sein, und es muss darauf geachtet werden, dass die Bedürfnisbefriedigung trotzdem im Vordergrund steht. In diesem Alter machen Gruppenangebote oft wenig Sinn, es ist effektiver, mit dem Welpen oder Junghund allein in einer einfachen Umgebung etwas zu „arbeiten". Ist dein Junghund bereits jagdlich interessiert, solltest du zudem im Hinterkopf haben, dass er auch hier schnell sehr abgelenkt sein kann, wenn die Beschäftigung dort stattfindet, wo Fuchs und Häschen gerne mal unterwegs sind. So kann aus einer Beschäftigung eine anstrengende Trainingseinheit für den Hund werden. Auch hier machst du es deinem Junghund leichter, wenn du die Umgebung möglichst an das Leistungsniveau des Hundes anpasst.

Bereits beim Welpen solltest du darauf achten, dass Warten und Zusehen immer großzügig belohnt wird. Gerade impulsiven Arbeitshunden fällt es sehr schwer, ihre Impulse zurückzuhalten. Wenn dies nicht entlohnt wird, ist Frust vorprogrammiert. Bedenke auch hier, dass die Impulskontrolle deines Hundes endlich ist. Hat er zweimal brav zugesehen, wie du den Dummy geworfen hast, oder ist er bereits bei der Arbeit artig über zwei frische Wildspuren gelaufen und hat sich dafür entschieden, mit dir weiterzuarbeiten, kannst du davon ausgehen, dass irgendwann die Impulskontrolle dahin ist.

Mit dem Auto unterwegs

Wenn du ein Auto hast und es regelmäßig nutzt, muss auch Autofahren gelernt werden, damit der Hund in Zukunft ein entspannter Mitfahrer ist. Die erste Autofahrt ist für Welpen, die vom Züchter kommen, oft traumatisierend (siehe S. 38 f.). Es ist also wichtig, dass der Welpe das Autofahren Schritt für Schritt auch mit positiven Emotionen und Entspannung verknüpfen kann. Deshalb sollte man in ein strukturiertes Training investieren. Gerade leicht erregbare Jagdhunde sind beim Autofahren schnell durch den Wind, und es ist weder angenehm, einen fiepsenden und bellenden Mitfahrer zu haben, noch ist es für die daran anschließende Aktivität sinnvoll, denn der Hund wird nach der stressigen Autofahrt all seine Energie entladen.

SICHERER TRANSPORT

Als frischgebackener Welpenbesitzer sollte man zunächst überlegen, wie man seinen Hund in Zukunft im Auto transportieren möchte. Hier gibt es die Möglichkeiten ...

So geht's: „Trockenübungen" für den vierbeinigen Beifahrer

- *Hochheben: Hochheben wird immer angekündigt mit einem Signalwort, damit sich der Welpe darauf einstellen kann. Dann folgt der Marker, der Welpe wird abgesetzt, es gibt eine Belohnung.*
- *In der Box sein und sich mit einem Kauartikel oder einem gefüllten Kong beschäftigen.*
- *Über eine Rampe laufen.*

Für die ersten Fahrten gilt:

- *Kurze Fahrten, nicht zu kurvig. Fahre vorsichtig und defensiv.*
- *Es sollte weder zu heiß noch zu kalt sein. Auch das Gebläse sollte nicht auf vollen Touren laufen.*
- *Dein Welpe sollte kurz vorher keine große Portion gefressen haben.*
- *Dein Welpe sollte seine Geschäfte bereits verrichtet haben.*
- *Dein Welpe sollte sich vorher in seinem Tempo bewegt haben dürfen und zufrieden und müde sein.*
- *Er sollte einen guten Tag haben, nicht in einer Angstphase stecken und auch sonst an diesem Tag noch nicht zu viel Neues und Aufregendes erlebt haben.*
- *Nutze Entspannungsutensilien wie auf Seite 37 f. beschrieben.*

- angeschnallt auf dem Rücksitz,
- im Kofferraum mit Gitter oder Box oder
- auf der Rücksitzbank in der Box.

Klar spielt dabei die Größe des Autos und die Größe des Hundes eine entscheidende Rolle.

Wenn man seinen Hund bei entsprechend niedrigen Temperaturen auch mal im Auto warten lassen möchte, dann kommt man fast nicht um eine Hundebox herum. Zudem ist der Hund in der Box sicher untergebracht. Für viele Jagdnasen, die in aufregenden Situationen ihre Erregung gern durch Bewegung kompensieren, ist das Angeschnalltsein schwieriger, als in der Box die Position selbst wählen zu können. Die Box sollte so groß sein, dass der Hund ausgestreckt liegen kann, aber so klein, dass er bei einem Aufprall nicht zu viel Platz hat. In jedem Fall sollten eine rutschfeste Matte und ein rutschfestes Hundebett in der Box liegen.

Vor den ersten Fahrten sollte der Welpe die Möglichkeit haben, das parkende Auto zu erkunden. Gern kannst du hierfür ein paar Leckerchen im Auto streuen, vielleicht gibst du dem Welpen dann auch ein Stück Dörrfleisch. Er soll diesen Ort als angenehm verknüpfen und entspannt kennenlernen. Dasselbe gilt für die Box, in der er später fahren soll. Die kann er bereits in der Wohnung als etwas Angenehmes kennenlernen (siehe Seite 36).

Wenn das nicht möglich ist, solltest du gezielt täglich ein paar Minuten mit dem Welpen im Auto verbringen. Steht die Box im Kofferraum, kannst du dich auf die Lade-

Nur gut gesichert sollte der Hund im Auto befördert werden. Viele Hunde werden nicht gerne angeschnallt. Dann ist eine Box sinnvoll. (Foto: Shutterstock/Morgan Mad)

rampe zu deinem Welpen setzen und ihm in der Box etwas zu kauen oder eine Schleckmatte geben. Ruhige Dinge in der Box machen, nachdem alle anderen Bedürfnisse (Geschäft erledigen, Erkunden, Essen und Trinken) gestillt sind, ist der Grundstein für entspannte Fahrten, den du bereits beim parkenden Auto mit dem Welpen legen kannst. Fühlt sich dein Welpe in der Box wohl, kannst du bereits kurz den Motor anmachen. Idealerweise machst du die ersten Trainingseinheiten im Auto mit einer zweiten Person. So kann sich einer um den Hund kümmern und einer um das Auto. Wenn dein Welpe im Kofferraum ist, kann es hilfreich sein, zu Beginn einen Teil der Rückbank umzuklappen, damit du neben oder bei deinem Welpen sitzen kannst. Manchmal ist es auch hilfreich, die Box gleich auf die Rücksitzbank zu verlagern, so ist die Jagdnase fast auf gleicher Höhe mit seinem Menschen.

Gerade junge Hunde lernen sehr schnell, dass Autofahrten meist spannende Situationen oder tolle Ausflüge mit sich bringen. Damit sich die Erregung nicht ins Uferlose steigert, sollten auf jede tolle Autofahrt zwei sogenannte Picknickfahrten folgen.

Dazu fährst du mit deinem jungen Hund nach einem kurzen, eher eintönigen Spaziergang, den du von daheim gestartet hast, ein Stück zu einem einsamen und langweiligen Parkplatz, und ihr macht direkt am Auto eine Pause. Du setzt dich mit deinem Junghund am Auto auf eine Decke und es gibt etwas zu kauen (z. B. ein Stück Rinderkopfhaut oder eine Schleckmatte). Wenn der Hund sein Picknick quasi aufgefressen hat, fahrt ihr einfach wieder nach Hause. Wenn es außerhalb des Autos noch zu schwierig oder aufregend für den Hund ist oder es schlichtweg zu nass und kalt ist, kannst du das Picknickritual auch mit offenem Kofferraum abhalten. So lernt dein Hund, dass nicht jede Fahrt einen tollen Ausflug bedeutet: Manchmal gibt's auch nur ein langweiliges Picknick und dann fahren wir wieder nach Hause. Gerade für Welpen sind diese Ausflüge toll und tragen zu einer guten Sozialisation bei, denn sie können neue Umgebungen so ganz nebenbei beim Schlecken oder Kauen kennenlernen. Auch wenn diese Übung banal und für den Menschen recht langweilig erscheint, ist sie so wichtig für kleine aufgeregte Jagdnasen!

Neben dem Autofahren sollte ein Hund lernen, für kurze Zeit allein im Auto zu warten. Allerdings nur, wenn die Außentemperaturen passen. Das Auto ist eine echte Hitzefalle und jedes Jahr sterben viele Vierbeiner, weil sie im Auto gelassen werden. Bereits bei 20 Grad Außentemperatur kann das Auto nach zehn Minuten für den Hund so warm werden, dass es zur gesundheitlichen Gefahr wird.

Im Winter solltest du einen kurzhaarigen Hund, einen Welpen oder einen Hund mit Gelenkproblemen mit einem bequemen Mantel oder einer Decke vor Kälte schützen.

Das Warten im Auto sollte ebenfalls in kleinen Schritten trainiert und erst dann begonnen werden, wenn der Welpe sich schon eingelebt hat. Außerdem sollte er das Autofahren bereits als etwas Angenehmes kennengelernt haben. Du kannst, wenn du mit dem Auto zum Spaziergang gefahren bist, auf dem Rückweg einen kleinen Stopp einlegen und den Hund für ein paar Minuten im Auto lassen. Bevor du gehst, gib ihm am besten einen lecker gefüllten Kong oder eine Schleckmatte, sodass er in dieser Zeit mit etwas Schönem beschäftigt ist. Idealerweise kommst du zurück, wenn dein Welpe noch beschäftigt ist. Wenn dein Hund im Auto warten soll, dann sollte er zwingend in einer Box oder im Kofferraum (natürlich nicht im Kofferraum einer Limousine, sondern in einem offenen Kofferraum) mit einem sicheren Trenngitter verstaut sein. Einen angeschnallten Hund allein zu lassen kann leicht gefährlich werden. Er kann sich beim Umdrehen in der Leine verheddern oder sich einklemmen. Schnell verknüpft er das Auto und das Warten dann als etwas Unangenehmes.

Welpe allein zu Haus

Ohne Familie und ohne Bezugspersonen ist ein Welpe nicht überlebensfähig. Deshalb haben Welpen auch große Probleme, ja Todesangst, wenn sich die Bezugspersonen entfernen. Damit dein Welpe später entspannt allein bleiben kann, ist es enorm wichtig, dass er es in seinem Tempo mit achtsamer Begleitung des Menschen lernt. Wenn du anfangs zu schnell vorgehst, kann es sein, dass du dir eine große Baustelle schaffst. Ein Hund, der gar nicht allein bleiben kann, ist eine Belastung für den Menschen. Es gibt unerschrockene und selbstständige Hundezwerge, die sich im Alltag auch schon mal selbst zurückziehen und

Kleine Welpen sollten noch nicht allein gelassen werden. Man muss sie erst schrittweise daran gewöhnen. (Foto: Shutterstock/Seventysix Media)

dabei entspannt bleiben können. Doch das ist bei Jagdhundwelpen eher nicht die Norm. Sie binden sich sehr eng an den Menschen, oft auch an einen bestimmten Menschen, und leiden sehr, wenn die Bezugsperson nicht da ist.

Damit das trotzdem gut funktioniert, ist es wichtig, dass der Welpe zunächst Zeit hat, sich in seinem neuen Zuhause einzuleben. In dieser Zeit sollte die kleine Jagdnase natürlich noch nicht allein gelassen werden.

Wenn du das Alleinbleibtraining startest, dann nicht, indem du gleich zur Haustür hinausgehst. Es ist leichter für das Training und für den Hund, den Bereich abzugrenzen, in dem er sich am meisten und am liebsten aufhält (sh. Seite 34 f.). Diese sichere Zone solltest du vorher immer wieder mit Kuscheleinheiten und Kauartikeln aufwerten. Ein Hund, der beim Alleinsein an der Haustür liegt, wird sich viel weniger entspannen können und viel mehr auf Außenreize reagieren.

Um dem Hund auch in aufregenden Situationen zu helfen oder ihm in neuen Situationen die Angst zu nehmen, gibt es die wunderbare Möglichkeit, Entspannungshilfsmittel für ihn aufzubauen. So kann man dem Vierbeiner dabei helfen, in die Entspannung zu finden, und Übergänge von Erregung zu Entspannung einfacher gestalten.

So geht's: Alleinsein lernen

- *Als Erstes solltest du ein regelmäßiges Zeitfenster aufbauen, in dem der Welpe ohnehin entspannt ist und in dem dein Welpe weiß, dass du noch da bist, aber auch, dass du jetzt nicht verfügbar bist. In dieser „Ignorierzeit", die anfangs ca. eine halbe Stunde dauern sollte und auch mit einem optischen Signal angekündigt werden kann, bist du zunächst noch da, machst aber etwas Ruhiges wie Lesen. Egal, was der Welpe tut: Du siehst ihn nicht an, du sprichst nicht mit ihm!*
- *Zu Beginn des Rituals kannst du deinem Welpen einen gefüllten Kong oder eine Schleckmatte geben. Wenn du dies regelmäßig machst, kannst du dich langsam aus dieser Zone zurückziehen.*
- *Das nächste Mal setzt du dich mit einem Stuhl ans Gitter, im nächsten Schritt dann, wenn der Hund immer entspannter ist, hinter das Gitter.*
- *Klappt das mehrere Tage gut und der Welpe beschäftigt sich selbst mit seinen Kauartikeln oder schläft, kannst du den Raum wechseln und dich dort ruhig verhalten. Zusätzlich kannst du zu dieser Zeit die ab Seite 96 beschriebenen Entspannungsutensilien verwenden. So lernt der Welpe, sich ohne dich zu entspannen, und muss keinen Frust ertragen.*
- *Im nächsten Schritt schließt du die Zimmertür immer mehr. Wenn das klappt und der junge Hund immer noch entspannt ist, egal, ob das Gitter oder die Tür zum Wohnzimmer geschlossen ist, kannst du auch das Haus für kurze Zeit verlassen.*
- *Wenn dein Hund Probleme beim Training hat, hole dir frühzeitig Unterstützung von einem Trainer oder einer Trainerin.*

ENTSPANNUNGSDUFT

Düfte berühren uns Menschen schnell emotional: Der Geruch von Sonnencreme weckt Urlaubserinnerungen, der Geruch von Weihnachtsplätzchen bereitet uns ein wohliges Gefühl. Gerüche gelangen, ohne dass wir es willentlich steuern können, in unser Gehirn und verknüpfen sich mit dem emotionalen Zustand, in dem wir uns gerade befinden.

Studien haben ergeben, dass auch Hunde auf bestimmte Gerüche bereits unkonditioniert mit Entspannung reagieren. Genau hier verknüpfen wir doppelt, indem wir den entspannten Zustand, wenn der Welpe schläft oder mit dem Menschen kuschelt, mit einem ätherischen Ölgeruch verbinden. Kamille, Zitrone und Lavendel eignen sich besonders dafür, da sie nachweislich bereits ohne vorherigen Konditionierungseffekt entspannend auf Hunde wirken.

Doch Achtung! Reine, unverdünnte ätherische Öle riechen viel zu stark für empfindliche Hundenasen. Es braucht eine milde Mischung, damit wir den Entspannungsgeruch konditionieren können.

- Besorge dir hierfür eine fertige Entspannungsduftmischung für Hunde oder mische sie selbst im Verhältnis 1:5 (1 Teil ätherisches Öl, 5 Teile neutrales Öl) mit einem neutralen Trägeröl wie Sonnenblumen-, Jojoba- oder Mandelöl.
- Immer wenn dein Welpe nun entspannt liegt, döst oder schläft, legst du zunächst das Tüchlein mit ein bis zwei Tropfen Entspannungsduft (es sollte wirklich sehr mild riechen, Hunde haben ja eine sehr gute Nase!) neben ihn. Sobald er erneut aktiv wird, packst du das Tüchlein wieder in den Beutel oder ins Schraubglas. Der Hund sollte den Geruch also erst mal nur dann riechen, wenn er gerade selbstständig oder mit deiner Hilfe in die Entspannung findet oder wenn er ohnehin schon entspannt ist.
- In der Folgezeit lädst du den Geruch so oft es geht mit Entspannung auf. Es dauert ca. ein bis zwei Wochen, wenn du ihn täglich auflädst, bis du ihn benutzen kannst. Die Quote zwischen Aufladen und Benutzen sollte in etwa 3:1 betragen.
- Wenn du den Geruch konsequent aufgeladen hast, kannst du ihn in aufregenden Situationen verwenden, um deinem Welpen oder Junghund den Weg in die Entspannung zu vereinfachen. Du kannst dann einen Tropfen des Geruchs auf ein Halstuch geben oder einen Loop machen und dem Hund umlegen. Er wird bei diesem Geruch nicht

Ist der Welpe entspannt, kannst du deine Entspannungsutensilien aufladen. (Foto: Shutterstock/Daniel Besic)

Aufgeregten Welpen hilft es, wenn der Mensch sich mit ihnen entspannt. (Foto: Shutterstock/Tatyana Baibakova)

sofort umfallen und schlafen, aber er wird einem Welpen, der ohnehin schon müde ist, aber einfach nicht zur Ruhe kommt, helfen, den Übergang zur Entspannung zu schaffen. Ebenso kann der Geruch einem Junghund, der draußen bei einer Pause zu angespannt ist und keinen Kauartikel nehmen kann, helfen, etwas zu kauen und sich so weiter zu entspannen. Auch beim Alleinbleibtraining oder beim Autofahren ist ein Entspannungsduft ein hilfreicher Begleiter für den Hund – vorausgesetzt, man denkt ans regelmäßige Aufladen des Geruchs.

ENTSPANNENDE GERÄUSCHE

Ebenso wie Gerüche lassen sich auch Geräusche mit Entspannung verknüpfen. In Studien fand man heraus, dass gesprochene Inhalte und klassische Musik einen guten Effekt auf Hunde haben. Auch hier machen wir uns den Effekt der klassischen Konditionierung zunutze und laden diese Geräusche mit Entspannung auf. Wenn du keine eigene Musik nutzen möchtest, dann bietet der Markt mittlerweile auch tolle Alternativen. Der Relaxopet ist ein kleines portables Gerät, das Entspannungsmusik abspielt. Zusätzlich kann dieser Lautsprecher aber auch unterschwellige, speziell auf Hunde abgestimmte Tonsequenzen abspielen, die laut Hersteller tiefenentspannend wirken sollen und für den Menschen nicht hörbar sind. Diese Sequenzen lassen sich auch einzeln schalten, sodass der Mensch nichts hört, der Hund aber durchaus.

Genau wie beim Konditionieren des Entspannungsdufts kann man nun beim Aufbau eines Entspannungsgeräuschs oder einer Entspannungsmusik vorgehen. Immer wenn der Hund gerade zur Ruhe kommt oder schon entspannt ist, schaltest du die Musik oder den Relaxopet an; wenn der Hund wieder aktiv wird, schaltest du sie wieder aus. Du kannst die Entspannungsmusik auch zeitgleich mit dem Duft konditionieren. Auch hier gilt: Bevor du die Geräusche zum ersten Mal nutzen kannst, solltest du sie zehn bis vierzehn Tage täglich „aufladen". Wenn du den Relaxopet nutzt, hast du zudem den Vorteil, dass du ihn auch unterwegs verwenden kannst. Auf „lautlos" gestellt ist er ein guter Begleiter im Restaurant oder bei Entspannungspausen im Wald.

ENTSPANNUNGSDECKE

Für unterwegs kannst du ein optisches Hilfsmittel aufbauen, das ebenfalls mit Entspannung verknüpft ist. Eine Decke oder ein Kissen eignen sich hier sehr.

- Nimm hierfür eine Decke, die du nur dafür verwendest, die du gut transportieren und mitnehmen kannst und die auch für deinen Hund angenehm ist. Die Vorlieben sind hier sehr individuell. Manche Hunde mögen es weich und dick, anderen reicht ein kleines Handtuch, weil sie am liebsten auf dem nackten Boden liegen. Achte aber in jedem Fall darauf, dass die Unterseite rutschfest ist, damit du die Decke nicht nur in der Natur, sondern auch in Innenräumen verwenden kannst.
- Die ersten Tage legst du die neue Decke daheim dorthin, wo der Hund sich ohnehin im Haus gern zum Entspannen hinlegt; du kannst sie anfangs auch auf das „normale" Hundebettchen legen.
- Nach dem Spaziergang kannst du nun daheim zusätzlich täglich eine kleine Einheit mit der Entspannungsdecke machen. Wenn deine Jagdnase sowieso schon müde ist, legst du die Decke an eine Stelle, an der sich dein Hund gern entspannt, du setzt dich und lädst ihn ein, zu dir zu kommen. Dann streichelst du ihn so lange, bis er wirklich entspannt ist und vielleicht sogar auf dieser Decke einschläft.
- Nach einer Woche kannst du diese Entspannungseinheiten auch in den Garten oder auf den Balkon verlegen. Dazu kannst du den Welpen auch anleinen. Es geht lediglich darum, dass du die Decke immer dann rausholst, wenn er schon den Wunsch nach Entspannung hat.
- Anfangs kannst du dich zum Hund setzen, später kannst du es dir aber auch auf einem Stuhl gemütlich machen, den du neben dem Vierbeiner abstellst. Du kannst deinem Hund auf der Decke auch etwas zu knuspern oder kauen geben. Hauptsache, er fühlt sich dort wohl, bleibt gern dort und ist entspannt.

- Beende die Übung immer, bevor der Hund wieder aufstehen möchte, sich bewegen will oder Frust entsteht.
- Wenn auch diese Decke zehn bis vierzehn Tage täglich in kleinen Einheiten aufgeladen wurde, kannst du sie auch hervorragend draußen für deine Spaziergänge oder Ausflüge nutzen.

Hundebegegnungen und Welpenschutz

Welpen haben meist großes Interesse an Artgenossen, allerdings auf sehr unterschiedliche Weise: Wie bei Menschenkindern gibt es eher aufgeschlossene, mutige Kandidaten, aber auch schüchterne, unsichere. Dennoch wollen die meisten Welpen Kontakt zu Artgenossen aufnehmen. Für eine gute Sozialisierung ist es wichtig, dass sich dein Welpe in der hündischen Kommunikation mit Artgenossen übt und positive Erfahrungen mit anderen Vierbeinern macht. Dabei ist immer die oberste Prämisse: Es geht um Qualität und nicht um Quantität bei Hundebegegnungen. Es ist deine (sehr wichtige) Aufgabe, dafür zu sorgen, dass dein Welpe gute Erfahrungen mit Artgenossen jeden Alters macht.

Es ist nicht sinnvoll, den Welpen, auch wenn er es vielleicht möchte, Kontakt mit jedem Artgenossen aufnehmen zu lassen. Nicht alle Hunde sind von Welpen begeistert. Den so oft propagierten Welpenschutz gibt es nicht. Deswegen solltest du als Hundehalter lernen, nicht nur deinen eigenen Hund, sondern auch fremde Hunde richtig zu lesen und einzuschätzen.

Dein Welpe muss genauso lernen, dass es sich lohnt, an fremden Hunden mit Abstand vorbeizugehen. Wenn du also auf einen Hund triffst und dein Welpe kann dort nicht Hallo sagen, halte großzügig Abstand. Und mit großzügig meine ich nicht zwei bis drei Meter, sondern sehr viel mehr! Ist der Abstand groß genug, wird dein Welpe auch besser auf deine Signale achten können. Wenn im übertragenen Sinne die leckere Torte direkt vor deinem Hund steht, dann ist es klar, dass der Welpe beim besten Willen nicht widerstehen kann.

In Hundebegegnungen solltest du deinen Welpen oder Junghund nicht ablenken, er darf gern lernen: Hinsehen ist okay! Einen kurzen Blick zum Artgenossen darfst du gern mit dem Markersignal belegen, denn ruhiges Schauen ist vollkommen in Ordnung. Danach folgt ruhiges verbales Lob und ein Keks fliegt

Tipp: Treffen an der Leine

Begegnungen an der Leine sollen nur stattfinden, wenn …

- *beide Hundehalter damit einverstanden sind und die Hunde nicht allzu aufgeregt sind.*
- *beide Hunde am Brustgeschirr sind.*
- *beide Hunde an der langen Leine sind und diese locker gehalten werden kann.*
- *die Menschen darauf achten, dass kein Zug auf der Leine ist.*

Beim Spiel von Welpen und Junghunden sollte der Mensch immer darauf achten, ob sich beide Spielpartner in der Situation wohlfühlen. (Foto: DBasler)

weg vom Auslöser. Den Hund nur auf sich zu fokussieren und dauerhaften Blickkontakt zum Menschen einzufordern, scheint uns Menschen verlockend. Es führt aber, da der Hund den Artgenossen nicht wirklich wahrnehmen kann, viel eher zu impulsivem Verhalten, als wenn der Hund sich mit diesem auseinandersetzen kann. Begrüßungen an der Leine sollten eher vermieden werden. An der Leine können Hunde nicht in dem Maße kommunizieren, wie sie es „ohne" machen würden. Die Einschränkung durch die Leine verändert die Körpersprache, und Missverständnisse sind vorprogrammiert.

Nach einer aufregenden Hundebegegnung, auch wenn es fröhliche Aufregung war, sollte dein Welpe die Gelegenheit bekommen, wieder mindestens zweimal ruhige, entspannte, freundliche Artgenossen zu treffen. Ansonsten lernt der Welpe nämlich, dass andere Hunde nur „Party" bedeuten, und wird bei Hundebegegnungen schnell aufgedreht und kopflos werden. Frischgebackene Hundehalter sind oft zu sehr auf Sozialisierung und Hundekontakte fokussiert und vergessen, dass der Hund mit den Begegnungen viel Erregung verknüpft.

Darf der Welpe dann mal keinen Kontakt haben, wird der junge Hund schnell einen Frustanfall bekommen. Genauso verhält es sich mit Welpen, die jede Woche in eine Welpenspielgruppe gehen, dort der Fokus nur auf Spielen liegt und nicht auf gemeinsame Entspannungszeiten geachtet wird.

So geht's: Welpenspiel moderieren

Wenn Welpen miteinander spielen, ist das toll und immens wichtig für ihre Entwicklung, dennoch sollte man beim Spielen immer ein Auge auf die Welpen haben. Damit beide Parteien davon profitieren, sollte man folgende Regeln einhalten:

- Trefft euch dort, wo die Welpen sich frei bewegen können, wenig fremde Menschen und Hunde unterwegs sind und wo keine Autos fahren. Achte darauf, dass genug Platz ist. Der Untergrund sollte so gestaltet sein, dass die Welpen nicht ausrutschen und sich nirgends verletzen können.

- Versuche, entspannt zu beginnen: Dein Welpe sollte ein gut sitzendes Brustgeschirr und eine leichte lange Leine tragen. Halte mindestens 20 Meter Abstand zum fremden Menschen/Welpen und lass deinen Welpen erst mal schauen. Streue ihm ein paar Leckerchen auf den Boden, wenn er den anderen Welpen entdeckt hat.

- Wenn dein Welpe sich ein wenig die neue Umgebung angesehen und sich beruhigt hat, kannst du ihn Kontakt aufnehmen lassen. Achte darauf, dass dein Welpe und auch der fremde Welpe sich wohlfühlen. Sollte ein Welpe Schutz suchen, gibt ihm diesen Schutz. Markiere gutes Verhalten und lobe ruhig!

- Bewegt euch oder geht spazieren, damit sich keine Arena bildet.

- Achte darauf, dass beide Hunde sich wohlfühlen, dass keiner überrannt wird.

- Unterbrich das Spiel, auch wenn es gut läuft, nach ein bis zwei Minuten freundlich. Nimm deinen Welpen zu dir, halte wieder mindestens 20 Meter Abstand, lass deinen Welpen ein paar Leckerchen bei dir suchen, das senkt das Erregungsniveau, und lass dann die beiden wieder zusammen.

- Das Spiel sollte immer wieder freundlich unterbrochen werden, damit die Erregung sich nicht stetig hochschaukelt. Baue Pausen ein, die keinen Frust erzeugen (Abstand, Kauartikel ...).

- Halte die Einheiten kurz. Beende jede mit einer Entspannungspause. Am besten bekommen beide Welpen mit Abstand zueinander etwas zu kauen oder einen gefüllten Kong und werden dann ruhig nach Hause oder zum Auto zurückgeführt.

(Foto: DBasler)

WENN DIE STIMMUNG KIPPT

Erregung ist keine gute Voraussetzung, sich in feiner Kommunikation zu üben. Allzu oft kippt das Spiel bei jungen Hunden, Mobbing oder Raufereien entstehen. Auch hier sollte man immer darauf achten, dass die Hunde nicht zu lange und nicht zu wild spielen, und sie immer wieder freundlich unterbrechen, beispielsweise mit einer kleinen Futtersuche.

Genauso wichtig ist ein „Warm-up" vor und ein „Cool-down" nach dem Spiel. Gerade für den Cool-down sollte man sich viel Zeit nehmen (siehe Seite 86 f.).

SCHUTZ SUCHEN IST ERLAUBT

Ist dein Hund in Hundebegegnungen eher unsicher oder sogar ängstlich, dann darfst und solltest du ihn unterstützen, indem du in die Hocke gehst und dein Hund bei dir Schutz suchen kann. Weiche aus, wenn du merkst, es ist deinem Welpen zu viel oder es geht zu schnell. Lobe ihn, wenn er sich etwas traut. Und ja! Du darfst deinen Welpen auch auf den Arm nehmen, wenn er zu ängstlich ist. Er soll lernen, dir zu vertrauen; dazu gehört auch, dass er sich darauf verlassen kann, dass du ihn nur in Situationen bringst, die er gut meistern kann. Wenn es zu viel wird, weil er noch nicht so weit ist, solltest du ihm helfen. Zum einen, indem du ihm aus dieser Situation hilfst, zum anderen, indem du diese Situation als Hinweis nimmst, dass dein Welpe hier noch einen Trainingsbedarf hat.

Draußen unterwegs

Wie bereits erwähnt (siehe S. 60 f.), ist es sinnvoll, Spaziergänge erst Schritt für Schritt in den Welpenalltag zu integrieren. Viele Welpen sind die ersten Tage noch viel zu überfordert, sich weit vom Haus wegzubewegen.

Wird der Welpe mutiger, kann man mit kleinen Spaziergängen beginnen. Die Aufmerksamkeitsspanne eines Welpen ist je nach Umwelt sehr kurz, etwa fünf bis zehn Minuten pro Lebensmonat. Alles, was der Welpe in dieser Zeit aufnimmt, kann er gut verarbeiten und auch positiv abspeichern. Ist er aber länger draußen unterwegs, wird er schnell die Umgebung als anstrengend abspeichern, mit all den Nebenwirkungen wie an der Leine ziehen, Bellen, am Menschen hochspringen oder Unrat aufsammeln. Beim nächsten Mal können diese Nebenwirkungen noch schneller auftreten. Bist du statt fünf bis zehn Minuten eine Stunde in einer stimulierenden Umwelt mit deinem Welpen unterwegs, wird der Welpe 45 bis 50 Minuten lang Aufregung und schlechte Ansprechbarkeit üben und es wird immer schwieriger, gemeinsam unterwegs zu sein. Deswegen wähle deine Ausflüge und Spaziergänge mit Bedacht, denn dein Welpe lernt immer!

Idealerweise wählst du deine Spaziergänge so, dass dein Welpe zwar immer wieder neuen Input bekommt und euer tägliches Leben kennenlernen kann. Gleichzeitig achtest du darauf, dass die Reize den Welpen nicht überfordern. Wenn du merkst, dass an diesem Tag viel los ist und der Welpe keinen

Tipp: Das bereitet einem Welpen Stress, Frust oder Aufregung

- Viele fremde Menschen
- Viele fremde Hunde
- Laute Geräusche (Lkws, Baustellen)
- Schnelle Bewegungen (rennende Kinder, schnelle Autos, Fahrradfahrer)
- Eingrenzung der Bewegung und des Erkundungsverhaltens
- Im Lauf der Entwicklung auch Wild und Wildgerüche

Im Freilauf unterwegs: Das geht nur in sicherer Umgebung. (Foto: DBasler)

guten Tag hat, dann gehe wieder nach Hause. Kommt dein Welpe nach dem Ausflug nach Hause, läuft in der Wohnung hin und her und möchte noch spielen, dann war es draußen sicherlich so aufregend, dass er nun schwerer wieder zur Ruhe findet. Achte an Tagen, an denen insgesamt etwas mehr Input auf das Welpengehirn eingeprasselt ist, darauf, dass der Welpe trotzdem daheim entspannt schlafen kann, und gestalte den nächsten Tag etwas ruhiger.

Wenn du mit deinem Welpen oder Junghund draußen unterwegs bist, sollte er immer ein passendes Brustgeschirr (siehe Seite 31 f.) tragen. In Sachen Leinenhandling solltest du ein wenig üben:

- Die Leine sollte nicht dauerhaft am Boden schleifen, sie sollte aber auch nicht dauerhaft auf Zug sein.
- Wenn du ein ruhiges Gebiet ausgesucht hast, in dem keine Straßen in der Nähe sind, kein Wild gestört wird und auch sonst kein Blödsinn passieren kann, kannst du die Leine auch gegen das auf Seite 32 erwähnte Welpenschnürchen austauschen, sodass die kleine Jagdnase die Umwelt mehr oder weniger frei erkunden kann.
- Aber auch hier gilt: Die Sicherheit deines Welpen geht vor Freilauf. Auch er kann schon Wild stören und fremde Menschen anspringen. Also sei vorausschauend unterwegs und bewahre deinen Welpen vor falschen Entscheidungen.

Eine der wichtigsten Übungen für kleine Jagdnasen besteht darin, draußen entspannen zu können. Durch ihre Genetik geraten Jagdhunde draußen schon von ganz allein in Aufregung. Aufregung macht aber impulsiver, führt dazu, dass jagdliche Reize als noch wichtiger wahrgenommen werden. Das bringt schlechte Ansprechbarkeit mit sich. Um ein Gegengewicht zu schaffen, muss bereits der Welpe und Junghund lernen, dass man draußen auch entspannen kann. Siehe dazu auch Seite 97 (Entspannungsdecke).

IM FREILAUF UNTERWEGS

Bereits für den Welpen (und für den Junghund sowieso) gilt: Lieber einmal zu viel die lange Leine am Hund als zu wenig. Der Teufel ist ein Eichhörnchen, und wenn der Hund diesem hinterher auf die Straße rennt, kann das nicht nur für den Hund sehr übel ausgehen. Ebenso sieht es mit Hasen oder Katzen aus.

Deswegen gilt: In der Nähe von Straßen oder Bahnlinien bleibt der Hund an der Leine. Vielleicht hast du auch schon mal einen brav ohne Leine bei Fuß laufenden Vorsteher mit seinem Herrchen oder Frauchen flanieren gesehen. Im ersten Moment denkt man dann vielleicht noch: Oh, der scheint bestens erzogen zu sein. Rational gesehen ist eine solche Aktion, egal, wie gut der Hund hört oder Signale befolgt, dumm. Der Hund kann vor einem Knallgeräusch erschrecken, eine läufige Hündin auf der anderen Straßenseite riechen, oder das dreibeinige Eichhörnchen fällt vor ihm vom Baum und rennt auf die Straße … Wenn der Hund gelernt hat, entspannt an der Leine zu laufen, dann ist es auch kein Problem, eine Leine als Sicherung anzulegen. Übrigens reagieren die meisten Passanten auch entspannter, wenn der entgegenkommende Hund, gerade wenn er größer ist, angeleint ist. Viele Nichthundehalter haben bereits Erfahrungen mit „Der-tut-nichts-Hunden" gesammelt und sind unsicher im Umgang mit Vierbeinern. Den Hund freundlich zu sich rufen, bei Fuß nehmen oder an der Seite absetzen gehört zum guten Ton bei Begegnungen. Auch wenn dein Hund freundlich ist oder Menschen ignoriert, fühlen sich viele in Anwesenheit eines frei laufenden Hundes nicht wohl.

Sehr schnell wird dein Welpe lernen, dass es sich lohnt, für entgegenkommende Menschen auf die Seite zu gehen, denn dort gibt es Kekse. Später markierst du nur noch, wenn dein Hund von selbst ein paar Schritte zur Seite geht, und es gibt mal verbales Lob und mal ein Bröckchen Futter im Wechsel.

Tipp: Begegnungen mit Menschen

Bereits mit dem Welpen kannst du Folgendes üben:

- *Dein Welpe entdeckt eine entgegenkommende Person.*
- *Markerwort, loben!*
- *Während du lobst, gehst du an die Seite des Weges und wirfst dort eine halbe Handvoll Leckerchen auf den Boden.*
- *Das An-der-Seite-Stehenbleiben und Den-vorbeilaufenden-Menschen-Ansehen wird ebenfalls markiert und belohnt. Achte dabei auf ausreichend Abstand!*

Auch eine Wasserstelle regt zum Erkunden an. Der Mensch macht am besten dabei mit. (Foto: DBasler)

Die Welt ist spannend für kleine Jagdnasen, da kann es schon mal passieren, dass die Aufmerksamkeit auf einem Spaziergang flöten geht. Damit der Hund lernt, permanent auf den Menschen zu achten, wird oft empfohlen, der Mensch solle sich verstecken, wenn der kleine Hund allzu abgelenkt ist. Doch ist das sinnvoll? Nein, eher nicht. Gerade beim Welpen sollte man die ersten Wochen in Vertrauensaufbau und Bindung investieren. Unangekündigt verschwinden ist genau das Gegenteil von einer vertrauensvollen Bindung. Ein Welpe blickt sich meist von Anfang an immer wieder zum Menschen um, und genau das sollten wir durch Markieren und Belohnen fördern. Wenn der Welpe doch mal mit seiner Aufmerksamkeit ganz in der Umwelt verschwindet (am besten mit der langen Leine gesichert), dann ist die Umgebung noch zu aufregend für ihn.

Ein Welpe, der von Anfang an gelernt hat, dass sich Kommunikationsangebote, wie Zurückblicken oder auf den Menschen warten, lohnen, wird in seinem Kopf immer wieder zwischen Hundewelt und Menschenwelt wechseln. Erst wenn die Umgebung zu aufregend ist, wird er diesen Wechsel nicht mehr schaffen. Dabei besteht unsere Verantwortung darin, die kleine Jagdnase nicht zu überfordern. Wenn der Welpe also unaufmerksam wird und immer mehr in der Umwelt versinkt, solltest du ihn an die Leine nehmen und mit ihm nach Hause gehen. Für dich sind solche Situationen Hinweise, dass der Hund in diesen Situationen noch Trainingsbedarf hat und du kleinschrittig mit bedürfnisorientierter Begleitung in dieser Umgebung mit dem Hund arbeiten solltest (z. B. mit Picknickausflügen, siehe Seite 91 f.). Verstecken ist übrigens auch für die erwachsene Jagdnase kein gutes Trainingstool, denn bei einem sensiblen Hund kann dies dazu führen, dass er uns Menschen nach einer Versteckaktion immer im Auge behalten will. Diese Aufmerksamkeitsteilung, die zum einen für das Hundegehirn sehr anstrengend ist und zum anderen das Erregungsniveau hochschubst, führt zeitgleich dazu, dass jagdliche Reize im Gehirn als wichtiger verortet werden. Unangekündigtes Verstecken kann also zur Folge haben, dass der Hund aufgeregter wird und vielleicht sogar verstärkt nach dem Menschen schaut. Wenn dann aber ein jagdlicher Reiz aufs Hundegehirn trifft, auch wenn es nur eine sehr alte Spur ist, dann wird der Hund darauf mit heftigem Jagdverhalten reagieren. Wir sollten unseren jagdlich ambitionierten Hunden also die Gelegenheit geben, sich im sicheren Rahmen voll und ganz mit der Umwelt auseinanderzusetzen, denn das gehört zur Bedürfnisbefriedigung dazu und bringt uns einen entspannteren Hund. Gleichzeitig müssen wir natürlich mit ihm üben, sich an jagdlichen Reizen zurückzunehmen und auf ein Signal von der Hunde- in die Menschenwelt zu switchen.

KLEINE WILDKUNDE & WALDKNIGGE

Wenn du mit deiner kleinen oder später auch großen Jagdnase in Wald und Feld unterwegs bist, bewegst du dich mit einem Beutegreifer im Wohnzimmer von Fuchs, Hase und Co. Auch wenn der junge Hund vielleicht noch nicht so großes Interesse an Wild hat, stört bereits die reine Anwesenheit eines Hundes Wildtiere. Sobald der Jagdtrieb aber erwacht, ist es zwingend notwendig, den Hund mit einer Leine zu sichern, damit er kein Wild aufstöbert, hetzt oder sogar tötet. Bereits das Aufsuchen von Wild gilt als Tatbestand der Wilderei. Ein Hund, der Wild nachstellt oder hetzt, darf in vielen Bundesländern vom Jagdschutzberechtigten (das ist in aller Regel der Jagdpächter) erschossen werden. Deswegen liegt es in unserer Verantwortung als Hundehalter, den Hund und auch die Umwelt zu schützen.

Achte also darauf, dass dein Hund im Wald entweder an der Leine läuft oder auf dem Weg in deiner Nähe bleibt. In der Brut- und Setzzeit (diese wird von Bundesland zu Bundesland unterschiedlich definiert) sollte der Hund grundsätzlich an der Leine bleiben, in manchen Gebieten ist dies sogar Vorschrift.

Darüber hinaus gibt es viele Lebensräume, wie beispielsweise Naturschutzgebiete, die als besonders schützenswert gelten, in denen der Hund an der kurzen Leine bleiben sollte (die vorgeschriebene Leinenlänge wird dort per Verordnung geregelt).

(Foto: Shutterstock/Ivanova N)

GRUNDSCHULPLAN FÜR KLEINE JAGDNASEN

Dein Welpe hat einen großen Erkundungsdrang und möchte die Welt mit all seinen Sinnen erfahren. Genau das ist auch wichtig, damit er sich später zu einem entspannten Begleiter entwickelt. Als Hundehalter haben wir schnell den Wunsch, einfach entspannt spazieren zu gehen. Ein Welpe hingegen saugt alle Eindrücke auf, schnüffelt, schaut und erkundet in seinem ganz eigenen Tempo. Auf den ersten Spaziergängen sollte der Welpe deswegen die Geschwindigkeit vorgeben. Mit vielen Welpen ist es eher ein Spazierenstehen als ein Spaziergehen ... Hier kannst du dich schon mal im Beobachten üben. Was interessiert deinen Welpen, wie nimmt er seine Umwelt wahr und wie bewegt er sich? Je besser du deinen Welpen und seine Umwelt einschätzen kannst, desto einfacher wird euer Zusammenleben.

Hundehalter, die einen kleinen „Pubertisten" ihr Eigen nennen, werden bestätigen, dass Spaziergänge mit einem Welpen wunderbar sind. Ein Welpe macht so viel so toll. Er schaut, bevor er losrennt. Er bleibt meist in der Nähe und blickt oft zu seinem Menschen. All das macht dann später nämlich ein Junghund nicht mehr.

Welpenhalter nehmen das tolle Verhalten oftmals einfach so hin. Bekommt der Welpe zum Beispiel für die freiwillige Rückorientierung kein Feedback, wird er dieses Verhalten immer weniger zeigen.

Deswegen lege ich dir die wichtigste Übung für Welpen und Welpenhalter ans Herz: Fördere gutes, erwünschtes Verhalten! Nutze dafür dein Markersignal, verbales Lob und Futter und gehe auf die Jagd nach gutem Verhalten. Oft höre ich von Welpenbesitzern im Training folgenden Satz: Aber ja, das kann er schon, er läuft schon an lockerer Leine ... Dann sage ich: Ja, noch! Damit das auch so bleibt, belohne es!!!

Freiwillige Selbstbeherrschung üben

Das Kontakthalten zum Menschen zeigen Welpen sehr ausgeprägt. Hier solltest du wirklich jedes freiwillige Umdrehen zum Menschen mit Marker und Belohnung verknüpfen. Besonderen Fokus solltest du auf das Stehen und Schauen legen. Ein Jagdhund, für den das Hetzen in der Regel einen hohen Stellenwert hat, ist Stehenbleiben und Schauen eine wichtige Fähigkeit, die immer großzügig belohnt werden sollte.

Wenn sich der Welpe von selbst zurücknimmt und erst einmal abwartet, ist das toll und muss für den Welpen weiterhin lohnenswert sein. In solchen Situationen sollte der Welpe trotzdem besser mit einer langen Leine gesichert werden. Achte dennoch darauf, dass die Leine locker ist und du die freiwillige Selbstbeherrschung immer honorierst.

Impulskontrolle, also die Fähigkeit, sich zurückzunehmen, ist ein wichtiger Regulationsmechanismus für kleine und große Jagdhunde. Dieses Zurücknehmen am Auslösereiz können wir bereits in allen Varianten beim Welpen fördern.

Wir müssen dabei aber sehr genau darauf achten, dass wir die Lernsituation, also auch den Alltag, so gestalten, dass die Anforderungen auf den momentanen Trainingsstand angepasst werden.

- Das heißt konkret: Der Abstand zu dem, was den Welpen interessiert, muss so gewählt werden, dass er noch ruhig und an lockerer Leine schauen und beobachten kann.
- Genau dieses ruhige Schauen wird dann mit dem Markersignal belegt. Der Welpe hört also sein „Click" oder „Top" in dem Moment, in dem er den Auslöser ruhig ansieht. Das Markersignal macht in diesem Moment ein kleines positives Feuerwerk im Hundekopf und der Hund wird das momentane Verhalten als lohnenswert einstufen.
- Entweder der Welpe dreht sich dann auf das Markersignal von selbst um (was wünschenswert ist, was er aber nicht zwingend muss) oder aber er möchte weiter schauen, dann kommt nach dem Marker verbales Lob und positives Feedback von unserer Seite.
- Du kannst sogar mehrfach markieren und jedes Mal anschließend loben, wenn der Welpe weiterhin ruhig beobachtet, solange die Leine locker ist.
- Das im richtigen Moment gesetzte Markersignal hilft dem Hund, seine Handlung mit der Belohnung zu verknüpfen, und verbessert den Lernprozess immens. Die kleine Jagdnase lernt so noch schneller, einem Auslösereiz nicht hinterherzugehen, als wenn du nur lobst.

Diese Übung ist so immens wichtig für kleine Jagdnasen und erspart uns zeitgleich viel Training sowohl in der Jugendentwicklung als auch beim erwachsenen Hund.

Du kannst und solltest diese Übung an allen Dingen, die deinen Hund irgendwie interessieren könnten, praktizieren, beispielsweise an fremden Hunden, an Menschen, an Kindern, die sich unterschiedlich fortbewegen (Roller, Bobbycar ...), an Katzen, Kleintieren, Vögeln, Wild und allen anderen Objekten, die zum Hinrennen oder Hinterherrennen animieren.

UNERWÜNSCHTEM JAGDVERHALTEN VORBEUGEN

Wird dein Welpe später nicht jagdlich geführt, solltest du bereits in Sachen Training vorsorgen, bevor jagdliche Reize für den kleinen Hund wichtig werden. Bei einem Jagdhund muss Jagdverhalten immer ganzheitlich betrachtet werden, denn bei einem Hund mit entsprechender jagdlicher Genetik wird sich viel von dem, was über den Tag passiert, auf das Jagdverhalten niederschlagen. Es hilft also nicht, lediglich an Auslösereizen wie Katzen und Wild zu trainieren, wir müssen, damit wir nachhaltig erfolgreich sind und der Hund glücklich und zufrieden ist, auch die Lebens- und Lernbedingungen mit einbeziehen.

In Sachen Jagdverhalten solltest du nicht warten, bis das Kind quasi in den Brunnen gefallen ist. Oft sind Welpen und Junghundbesitzer bei dem Thema Jagen noch recht unbedarft und lassen den Hund an Orten frei laufen, an denen es zu Wildbegegnungen kommen kann, mit der Aussage, der Hund interessiere sich noch nicht dafür. Allerdings kann man sich fast sicher sein, dass der Tag kommen wird, an dem der Welpe oder Junghund Interesse an Wild oder Spuren entwickelt und dann mit einem großen Halali verschwindet. Es gibt Welpen, die schon mit acht bis zehn Wochen so stark an ihrer Umwelt und an allem, was mit jagdlichen Reizen zu tun hat, interessiert sind, dass sie bereits Ausflüge ohne den Menschen unternehmen. Es gibt Hunde, die haben eineinhalb Jahre Fuchs und Has' nur gelangweilt beobachtet, dann aber kommt der Tag X und der Hund ist weg. Deine Aufgabe ist es also, dei-

Ruhiges Beobachten sollte immer verstärkt werden. (Foto: Shutterstock/anetapics)

Tipp: Entspannt spazieren gehen

Wenn du dir entspannte Spaziergänge mit deinem Hund wünschst, wenn er erwachsen ist, solltest du beim Welpen schon folgende Dinge beachten:

- *Die richtige Balance zwischen Erregung und Entspannung*
- *Genügend Ruhe daheim*
- *Bedürfnisbefriedigung: Futter, Sozialkontakt, angstfreies Umfeld, Fressen, Trinken, freie Bewegung, passende Beschäftigung*
- *Ansprechbarkeit draußen: Freiwillige Rückorientierung und auf dem Weg bleiben lohnt sich.*
- *Arbeit am Auslöser: Hinschauen-statt-Hinrennen-Übung (siehe Seite 110)*
- *Sicherer Rückruf*

nen Welpen immer gut zu beobachten, um zu sehen, wann der Radius größer, das Erkundungsverhalten spezieller und jagdliche Reize interessanter werden. Wenn du deinen Hund gut lesen kannst, ist das schon die halbe Miete des Trainings! Interessen und Bedürfnisse verändern sich im Lauf des Entwicklungsprozesses andauernd. Wenn du aber merkst, dass dein kleiner Hund Interesse an jagdbaren Dingen bekommt, klinke dich in diesen Prozess ein, bevor sich unerwünschtes Verhalten manifestiert.

Wie bereits auf Seite 11 beschrieben, ist es nicht sinnvoll, das Jagdverhalten des Hundes zu unterdrücken, zu bestrafen oder zu hemmen, vor allem nicht, wenn der Hund eine entsprechende genetische Ausstattung hat und Jagen – egal in welcher Ausprägung – zu seiner Superpower und seinen größten Talenten gehört. Unterdrücktes, gehemmtes Jagdverhalten macht den Hund langfristig noch unkooperativer und impulsiver.

Viel effektiver ist es also, zum einen die jagdlichen Anlagen und Verhaltensweisen zu fördern, die weder für das Wild noch für den Hund gefährlich sind, und dem Hund beizubringen, dass sich Kooperation mit dem Menschen auch im jagdlichen Kontext für ihn lohnt.

ZUFRIEDEN MIT DEM WILD-TV

Wenn der junge Hund bereits lernt, dass es sich lohnt, stehen zu bleiben, wenn er etwas Interessantes sieht, dann können wir das mit ihm auch an Wild üben. Ein Hund, der Wild beobachtet, zeigt dabei meist das sogenannte Fixieren, auch Vorstehen genannt. Dabei ist der Hund angespannt, steht aber noch ruhig. Dieses (Jagd-)Verhalten ist bereits sehr bedürfnisbefriedigend und selbstbelohnend für den Hund. Er kann so seine jagdlichen Anlagen ausleben und sogar Freude daran haben und durch Fixieren Wild anzeigen, auch wenn er diese Verhaltensweise erst mal nicht so ausgeprägt zeigt.

Willst du mit deinem Welpen oder jungen Hund üben, musst du dir zunächst Gedanken über das Trainingssetting machen.

- Dein Hund soll lernen, Enten, Vögel, Katzen, Hasen, Kaninchen und Rehe ruhig anzusehen. Hierzu solltest du einen Abstand wählen, in dem der Hund dies ohne Probleme auch schaffen kann. Also lieber zu groß als zu klein! Wenn du um die Ecke läufst und plötzlich eine Katze vor euch steht, dann solltest du den Abstand so vergrößern, dass dein Welpe noch nicht total überfordert mit der Situation ist.
- Wenn der Abstand passt, dann markiere, sobald deine kleine Jagdnase an lockerer Leine zum Auslöser sieht, und lobe dann ganz ruhig.
- Wenn sich dein Hund nach dem Lob freiwillig zu dir umdreht, feiere deinen kleinen Hund und wirf einen Keks weg vom Auslöser oder rennt gemeinsam ein Stück. Es ist eine große Leistung, sich von einem interessanten Reiz abzuwenden und sich für den Menschen zu entscheiden.
- Wenn dein Welpe in dieser Situation weiter schauen möchte, dann markiere das wieder und lobe danach. Solange die Leine locker ist und er schaut, ist das ganz toll.

- Sollte er dennoch in die Leine rennen, nimm ihn freundlich ein Stück weg und starte die Übung aus einer größeren Distanz noch mal neu. Damit markieren und belohnen wir immer wieder das Zurücknehmen, die Selbstbeherrschung sowie Impulskontrolle sowie die guten Entscheidungen. Du bist dabei der Trainer deines Hundes und hast die Aufgabe, die Übung so zu gestalten, dass der Welpe gutes Verhalten zeigen kann – damit du es belohnen kannst. Bedenke auch immer, dass der Hund nur begrenzt Impulskontrolle zur Verfügung hat. Wenn es ein oder sogar zweimal richtig gut geklappt hat, wird die Impulskontrolle danach aufgebraucht sein und dein Welpe wird beim dritten Mal in die Leine rennen oder sich aufregen. Belasse es also bei maximal zwei Wiederholungen. Auch wenn der Vormittag bereits aufregend war, wird der Welpe es am Nachmittag nur schwer schaffen, sich zurückzunehmen.

Signale für Aufmerksamkeit

Egal ob du ein Sitz auf Signal, einen sicheren Rückruf oder einen Trick aufbauen möchtest, du solltest folgende Punkte beim Aufbau beachten:

Von der Grundschule zum Hochschulabschluss: Bedenke immer die Umgebung, in der du trainierst und die Anforderungen an den Hund in diesem Moment.

Wenn sich der Welpe dir in reizvoller Umgebung zuwendet, gibt's eine Belohnung. (Foto: Shutterstock/Gajus)

Ein Signal in der Wohnung ohne Ablenkung auszuführen ist einfach für den Hund – es ist quasi Grundschulniveau. Dasselbe Signal dort, wo viele tolle Gerüche sind, vielleicht andere Hunde unterwegs sind oder der Hund Wild erwartet, ist die Abiturprüfung. Du kannst von deinem Hund nicht erwarten, dass er es, nur weil er etwas in einfachen Situationen kann, auch unter großer Ablenkung schafft. Wir müssen die Anforderungen wie in einem Lehrplan Schritt für Schritt steigern und anpassen, damit der Welpe auch lernen kann. Es wäre im übertragenen Sinne unfair, dem Hund nur Aufgaben der ersten und zweiten Klasse zu geben, ihm dann die Abituraufgaben hinzulegen und ihn auch noch zu bestrafen, wenn er es nicht kann. Es ist unsere Aufgabe als Hundehalter, das Training für den Hund so zu planen, dass er Erfolgserlebnisse hat.

Signale immer wieder aufladen: Bedenke immer, dass du alle Signale, die du benutzt, auch immer wieder aufladen musst. Gerade wenn der Hund umweltinteressiert ist – wovon wir bei einer kleinen Jagdnase schon ausgehen –, nutzen sich Signale schnell wieder ab, denn in der Umwelt lauern viele andere Belohnungen, die das Verhalten des Hundes verstärken. Die goldene Regel sollte heißen: Wenn ein Signal unter Ablenkung benutzt wird, solltest du es mindestens dreimal mit wenig Ablenkung und guter Belohnung wieder auffrischen. So ist garantiert, dass dein Hund die „Fremdsprache Mensch" mit all ihren Wörtern und Signalen auch weiterhin „flüssig" unter schwierigen Bedingungen beherrscht.

Bei allen Signalen, die du mit deinem Hund neu aufbaust, ist es wichtig, dass du die Anforderungen Schritt für Schritt steigerst. Am besten überlegst du dir jedes Mal, bevor du die Übung machst, ob du 100 Euro verwetten kannst, dass sie funktioniert. Wenn du dir nicht sicher bist, sag das Signal lieber nicht.

Tipp: Namen erkennen

So kannst du ganz einfach daheim beginnen:

- *Dein Welpe ist vor dir und schaut dich bereits an.*
- *Du sagst seinen Namen.*
- *Dann belohnst du den Hund mit einem Keks oder einem Spiel.*

Wenn du dies einige Male wiederholt hast, darfst du langsam die Anforderungen an die Aufmerksamkeit steigern.

- *Dein Welpe ist in deiner Nähe, aber nicht besonders abgelenkt (denke an die 100-Euro-Wette).*
- *Du sagst seinen Namen.*
- *Du sagst das Markersignal (er hat ja etwas richtig gemacht), sobald er reagiert hat.*
- *Du belohnst deinen Hund.*

So wird der Name immer wieder aufgewertet, und der Hund wird im Alltag auch darauf reagieren. Bedenke aber immer, dass du jedes Signal immer und immer wieder aufladen musst.

So geht's:
Basisübung für Aufmerksamkeit

Auch hier beginnst du mit der einfachen Basisübung:

- *Dein Welpe ist vor dir und schaut dich bereits an.*
- *Du gibst dein neues Signal.*
- *Du belohnst den Hund mit einem Keks oder einem Spiel.*

Diese Basisübung solltest du grundsätzlich mindestens einmal täglich machen! Wenn du diese Basisübung einige Male wiederholt hast, dann darfst du zusätzlich langsam die Anforderungen steigern.

- *Dein Welpe ist in deiner Nähe (maximal anderthalb Meter entfernt), aber nicht besonders abgelenkt (denke an die 100-Euro-Wette!).*
- *Du sagst dein neues Signal.*
- *Du sagst das Markersignal, sobald du nur die kleinste Reaktion (z. B. ein Ohrenzucken) siehst.*
- *Du belohnst deinen Hund abwechslungsreich.*

Denke daran, die Anforderungen nur kleinschrittig zu steigern und nicht zu schnell vorzugehen. Es braucht eine gute Basis mit vielen gelungenen Wiederholungen, damit wir erfolgreich auch an den höheren Stufen sein können.
Es sollte so gut wie keine Fehlerrunden geben, bei denen der Hund nicht reagiert. Es ist deine Aufgabe, die Übung immer so zu gestalten und die Ablenkung so einzuschätzen, dass der Hund reagiert.

Der Rückruf mit der Pfeife lässt sich aufbauen. (Foto: Shutterstock/Mariam Doerr Martin Frommherz)

DIE BEDEUTUNG DES NAMENS

Wenn du deinen Welpen vom Züchter oder aus dem Tierschutz bekommst, dann wird dieser weder wahrscheinlich weder seinen Namen noch einen Rückruf kennen. Es kann auch sein, dass du einen anderen Namen wählst. Der eigene Name muss also einprogrammiert werden, damit dein Welpe versteht, was und wen du damit meinst.

Bedenke außerdem, dass der Name allein nie als Signal ausreicht. Nach dem Namen sollte immer eine Handlungsanweisung bzw. ein Signal folgen, das er bereits gelernt hat.

So geht's – Hand-Touch

Setting: Daheim, keine Ablenkung

Schritt 1:

- Dein Welpe steht aufmerksam vor dir.
- Du stehst aufrecht, aber leicht seitlich, hast beide Hände vor der Brust zu einer Faust geballt. In dieser Faust hast du ein gut riechendes Leckerchen. Du behältst eine Hand mit dem Leckerchen an deiner Brust, nimmst die andere Hand mit zwei ausgestreckten Fingern nach unten in Richtung Welpennase, ohne dich zu sehr über den Welpen zu beugen.
- Dein Welpe wird ganz sicher zu deinen zwei Fingern gehen und schnuppern – es riecht ja toll nach Leckerchen.
- Genau in dem Moment, wo die Hundenase in Richtung deiner zwei Finger geht (TIMING!), markierst du, lobst und gibst deinem Welpen die Futterbelohnung aus der anderen Hand.

Schritt 1 kannst du zwei- bis dreimal wiederholen. Beim vierten Mal nimmst du kein Leckerchen in die Faust vor der Brust, der Ablauf bleibt sonst aber gleich, nur gibt es die Belohnung nach dem Marker aus deiner Leckerchentasche.

Schritt 2:

Setting: Daheim ohne Ablenkung

- Der Welpe steht oder sitzt aufmerksam vor dir.
- Du hast die Hände nicht mehr als Faust vor der Brust, sondern einfach locker.
- Du zeigst dem Hund deine zwei Finger in der Nähe der Nase.
- Der Hund stupst an deine Finger.
- Markersignal, dann Lob, dann Futter aus der Futtertasche.

Wiederhole das immer vier- bis fünfmal und mach dann wieder eine Pause.

Es ist möglich, dass dein Welpe es nach drei Wiederholungen bereits verstanden hat. Es kann aber auch sein, dass du vier bis fünf Tage und mehrere Einheiten brauchst, bis der Groschen fällt. Achte auf dein Timing und dass dein Welpe beim Üben nicht zu abgelenkt ist.

Wenn es nicht weitergeht, gehe einen Schritt zurück.

HALLO, HIER BIN ICH!

Da es uns Menschen immer sehr schwerfällt, den Namen des Hundes bewusst als Signal einzusetzen, macht es Sinn, neben dem Namen zusätzlich ein Signal aufzubauen, bei dem der Hund uns zuverlässig die Aufmerksamkeit schenkt und von der Hundewelt in die Menschenwelt wechselt. Das kann ein Wortsignal wie „Hey-Hey" oder „Look" oder auch ein Pfiff sein. Ein Signal, das uns zuverlässig in jeder Situation die Aufmerksamkeit des Hundes verspricht, ist Gold wert. Ich würde sogar so weit gehen, dass das Signal das wichtigste Werkzeug im Zusammenleben mit dem Hund ist, denn ohne Aufmerksamkeit findet keine Kommunikation statt. Wenn der Welpe früh mit ausreichender Wiederholung

Erst wenn dein Hund daheim zuverlässig an deine Finger stupst, sobald du ihm deine Finger zeigst, gehe zu Schritt 3 über.

Schritt 3:

Setting: Daheim ohne Ablenkung

- *Du stehst aufrecht, aber seitlich vor deinem Hund.*
- *Du sagst das neue Wortsignal zu deinem Hund, beispielsweise, „Touch".*
- *Du nimmst deine zwei Finger runter.*
- *Dein Welpe stupst an deine Finger.*
- *Markersignal, „Lob", Futterbelohnung oder Spiel.*

Auch diesen Schritt wiederholst du mehrere Male an unterschiedlichen Tagen.

Schritt 4:

Setting: Nun darfst du die Ablenkungen langsam steigern.

- *Dein Welpe ist etwas abgelenkt.*
- *Du überlegst kurz, ob du 100 Euro verwetten kannst, dass es klappt.*
- *Du sagst dein Wortsignal, z. B. „Touch".*
- *Wenn der Hund an deine Hand stupst, markierst, lobst und belohnst du ihn.*
- *Belohne abwechslungsreich! Jedes zehnte Mal mit einer besonders tollen Belohnung.*

Hier bewegst du dich langsam die Ablenkungsleiter nach oben. Erst wenn dein Hund hier auch unter größerer Ablenkung sicher toucht, gehst du zu Schritt 5.

Schritt 5:

- *Die Distanz zwischen dir und deinem Hund wird immer größer.*
- *Bevor du dein Signal zum Handtouch gibst, sagst du den Namen deines Hundes.*

(Foto: Shutterstock/Ksenia Raykova)

lernt, dass dieses Signal Relevanz hat, wird er später reflexartig reagieren.

DER HAND-TOUCH

Der Hand- oder Zweifinger-Touch ist ein einfaches, aber sehr wertvolles Signal. Du kannst damit deinen Hund zu dir holen, ihn positionieren oder den Touch als Alternativverhalten einsetzen.

Das Sichtzeichen bedeutet, dass wir mit zwei Fingern oder der ausgebreiteten Hand dem Hund zeigen: Berühre meine Hand mit deiner Nase. Überlege dir hierfür ein deutliches optisches Signal, strecke am besten zwei Finger aus, und ein Wortsignal, das du dafür später einsetzen möchtest.

Hast du alle Schritte durchgearbeitet, darfst du das Touch draußen in Kombination mit dem Namen des Hundes oder deinem Signal für Aufmerksamkeit nutzen, auch um ihn zurückzurufen. Diese Kombi ist bei Welpen und Junghunden unschlagbar für den Rückruf, wenn du beides – also Name (siehe Seite 113) und Touchsignal einzeln übst. Denke aber auch hier dran: Wenn du es einmal nutzt, solltest du es mindestens dreimal wieder aufladen!

So geht's: Anleinritual aufbauen

- *Dein Welpe ist vor dir, du kannst ihn gern vorher zu dir rufen.*
- *Du stehst gerade, aber nicht frontal vor dem Hund.*
- *Du sagst laut und deutlich dein Anleinsignal, beispielsweise „Leine" oder „Anleinen" oder „Leash".*
- *Du atmest noch einmal, denn ein ganz klein bisschen Zeit sollte zwischen Ankündigung und Ausführung vergehen.*
- *Dann beugst du dich seitlich zu deinem Hund runter, am besten gehst du dafür in die Knie.*
- *Du klickst den Karabiner einer längeren Leine ein.*
- *Du markierst und lobst, und dann gibt es abwechselnd folgende Belohnungen: gemeinsam ein kleines Stück rennen und sich freuen, eine Handvoll Futter auf den Boden streuen, eine Runde mit deinem Welpen spielen.*

Wiederhole dieses Ritual mehrmals die Woche unabhängig davon, ob du es gerade brauchst oder nicht.

ANLEINRITUAL

Bei freiheitsliebenden Hunden ist es hilfreich, ein Anleinritual zu etablieren. Für die meisten jagdlich ambitionierten Hunde ist das Angeleintwerden nach dem Rückruf eine Strafe, denn damit ist der Spaß an der Umwelt vorbei. Wenn der junge Hund lernt, dass es nach dem Rückruf zwar oft einen Keks gibt, aber meist die „Verhaftung" droht, wird das den Rückruf mit jedem Mal verschlechtern. Damit der Hund lernt, dass Angeleintwerden super ist und an der Leine auch Bedürfnisse befriedigt werden können, solltest du bereits vor der Jugendentwicklung ein Anleinritual etablieren.

Leinenführigkeit

Für einen Welpen ist es unnatürlich, mit einem Menschen im Schlepptau unterwegs zu sein: Das Erkundungsverhalten wird eingeschränkt, was frustrierend für einen Zwerg sein kann. Genau deshalb ist es in den ersten Wochen und Monaten so wichtig, dass der Welpe mit einer langen und leichten Leine oder – wo es geht – auch ohne Leine ungestört Erkundungsverhalten zeigen kann. Denn genau dieses ist immens wichtig für die Entwicklung zu einem entspannten und umweltsicheren Vierbeiner.

Allerdings ist es ebenso wichtig, dass der Welpe lernt, an der Leine zu laufen, und dies auch als angenehm und nicht als frustrierend empfindet. Viele Jagdhunde sind auf Bewegungen im Galopp selektiert. Das ist nun mal mit der Leine nicht in diesem Maße möglich. Langsam laufen und sich im Radius des Menschen bewegen muss also gut verstärkt werden. Welches Training in welchem Maße nötig ist, hängt maßgeblich von zwei Faktoren ab:

- **Vom Erregungsniveau:** Die Erregung geht nämlich oft in die Beine und will mit Bewegung kompensiert werden.
- **Vom Wohlfühltempo:** Ein Hund, der sich im Freilauf überwiegend im Galopp bewegt und große Kreise rennt, muss sich wesentlich mehr beherrschen, langsam im Tempo des Menschen zu laufen, als ein Hund, der eher gemütlich jeden Grashalm ausgiebig abschnüffelt. Oft ist der ganze Bewegungsapparat von großen, langbeinigen Jagdhunden auf Rennen ausgelegt und Schrittlaufen als „Programm" nicht installiert.

Da es aber mit einem jagdlich motivierten Welpen viele Situationen, Gebiete und Zeiten gibt, wo eine Leine nötig ist, muss dieser zwingend gut darauf vorbereitet werden. Vielleicht sogar noch mehr als andere Hundetypen.

In den ersten Wochen solltest du mit deinem Welpen überwiegend so spazieren gehen, dass du ihn an einer leichten, sehr langen Leine führen kannst. Das geht natürlich nur dort, wo nicht viel Straßenverkehr ist und auch keine Fahrradfahrer plötzlich von hinten anrauschen. Sehr kleine Welpen sind meist noch nicht so wirklich schnell unterwegs. Dadurch können sie sich mit der Umwelt auseinandersetzen, ohne dabei immer durch den Zug an der Leine gestört zu werden. Deine Aufgabe dabei ist es, achtsam mit der Leine umzugehen. Ein Welpe, an dem gezogen und geruckt wird, wird später selbst ziehen und zerren, weil er seinen Körper erst spürt, wenn der Zug stark genug ist. Folge deinem Welpen beim Erkunden und wickle dabei die Leine auf und ab, sodass sie nicht am Boden schleift, aber auch nicht dauerhaft auf Zug ist. Stemmt sich dein Welpe aller-

Leinenziehen spricht für Stress und Aufgeregtsein. (Foto: Shutterstock/Kastaprav)

dings in die Leine, weil er schnell irgendwohin möchte, bleibe stehen und halte die Leine fest. Hier darf dein Welpe lernen, dass es mit starkem Zug nicht zur gewünschten Stelle geht. Sobald er aber nachgibt oder sich zu dir umdreht, markierst du dies, lobst ihn ausgiebig und gibst ihm Leine. Zusätzlich solltest du jede kooperative Entscheidung, die der Welpe an der Leine fällt, markieren und belohnen. Das heißt: Sobald der Welpe dir an der Leine folgt, markiere dies, lobe deinen kleinen Hund und gib ihm ein Bröckchen Futter. Zeige ihm mit deinem Körper, wohin du gehen möchtest, und richte deine Schultern in diese Richtung aus. Auch wenn dein Welpe stehen bleibt und auf dich wartet, markiere und belohne das. Hier kannst du die ersten Wochen sehr großzügig sein. Lieber investierst du hier bereits beim Welpen immer mal wieder eine Mittagsportion an Trockenfutterbröckchen in die Leinenführigkeit, als ein Leben lang im Schlepptau eines ziehenden Hundes zu sein. Bedenke immer: Beim Jagdhund ist Leinenführigkeit meist keine Selbstverständlichkeit, du musst in dieses Verhalten investieren!

So geht's: Regeln für die Leinenführigkeit

- *Immer wenn der Welpe langsam in deinem Radius läuft: „Marker", Belohnung.*
- *Immer wenn der Welpe auf dich wartet oder sich dir anschließt: „Marker", Belohnung.*
- *Immer wenn der Welpe zieht: Stehen bleiben.*
- *Wenn er dann wieder eine gute Entscheidung trifft: „Marker", Belohnung.*

Aversive Methoden wie Leinenruck, Schimpfen oder schlimmere Strafmaßnahmen sind nicht nur aus Tierschutzgründen tabu, ein jagdlich ambitionierter Hund, der Stress an der Leine hat, wird im Freilauf dann noch impulsiver sein. Es ist also deine Aufgabe, eine lockere Leine immer und immer – nicht zuletzt im Hinblick auf die Pubertät – wieder zu verstärken.

ZIEHEN AUS ERREGUNG

Vor allem bei Junghunden kommt es häufig vor, dass ein Hund nicht deshalb zieht, weil er zu einer konkreten Stelle möchte, um zu schnüffeln, sondern dass er zieht, weil er sehr aufgeregt ist und sich bewegen möchte. In diesem Fall solltest du zunächst am Erregungsniveau arbeiten und nicht einfach weiter konsequent stehen bleiben. Ist dein junger Hund in der Situation überfordert, dann hilft es manchmal, stehen zu bleiben, ihn anzusprechen, dann zu markieren und eine Handvoll Leckerchen auf den Boden zu streuen. Oftmals senkt diese Maßnahme das Erregungsniveau. Gehst du anschließend in eine andere Richtung weiter, kannst du erneut gutes Verhalten markieren und belohnen.

Ist an einem Tag die Impulskontrolle bereits aufgebraucht und kannst du die Aufregung nicht reduzieren, dann gehe mit dem Hund schnell nach Hause. Hake die Situation

Entspannungspausen draußen sind wichtig und sinnvoll. (Foto: Shutterstock/sonora.ka)

ab und überlege, wie ihr das nächste Mal so gestalten könnt, dass der junge Hund weniger aufgeregt ist und gutes Verhalten zeigen kann und du es dann großzügig belohnen kannst.

Mit vielen Spaniels und Vorstehhunden braucht es auch nach der Jugendentwicklung ein gut durchdachtes positives Training, damit sie ohne Zug an der kurzen Leine laufen können. Wer einen leicht erregbaren Jagdhund mit dem Drang nach schnellen Bewegungen hat, sucht sich am besten jagdhunderfahrene professionelle Unterstützung, die fair, ganzheitlich und bedürfnisorientiert mit dem Hund arbeitet und mehr als nur Stop-and-go auf der Trainingsagenda hat. Oft ist das Ziehen des Jagdhundes nämlich ein Symptom von einer Vielzahl an Dingen, die nicht optimal laufen.

Entspannen unterwegs

Zu den wichtigsten Übungen junger, nicht jagdlich geführter Jagdhunde gehören Pausen und Entspannung auf den Spaziergängen. Viele Verhaltensprobleme, ebenso wie mangelnde Aufmerksamkeit, resultieren aus zu viel Erregung. Das ist nicht ungewöhnlich, sind doch Wald und Feld für Jagdnasen jeden Alters ein Erlebnispark an Eindrücken.

Das Problem dabei: Eine hohe Erregung lässt jagdliche Reize noch präsenter erscheinen. Dies führt zeitgleich dazu, dass der Wirkungsgrad des Trainings schlechter wird. Es ist also sinnvoll, in Entspannung zu investieren. Ein Jagdhund, für den per se genetisch Wald und Flur spannend sind, kann durch ruhige Pausen draußen lernen,

So geht's: In die Pause kommen

Damit dein Hund draußen problemlos in eine Pause kommt, kannst du sie strukturieren:

- *Ihr habt einen passenden Ort gefunden: Du bleibst stehen und lässt den Welpen an der langen Leine erkunden.*
- *Wenn dein Hund noch aufgeregt ist, streue großzügig viele kleine Futterstücke zum Suchen.*
- *Lege dann die Entspannungsdecke (siehe Seite 97) hin und setze dich auch selbst auf den Boden.*
- *Überlege, was deinen Welpen besser beruhigen würde: Berührungen oder etwas zu kauen oder schlecken wie etwa eine Schleckmatte oder ein gefüllter Kong.*
- *Nutze gern zusätzlich deine Entspannungsutensilien wie Duft und Relaxopet (siehe Seite 96).*
- *Bleibe nur so lange sitzen, wie dein Welpe entspannt ist oder sich ruhig mit dem Kau- oder Schleckartikel beschäftigt. Idealerweise stehst du kurz auf, bevor dein Welpe wieder aufgeregt ist.*

Natürlich wäre es schön, wenn der Welpe bei den Pausen entspannt und sich ablegt. Entscheidend ist aber, dass er die Pause als etwas kennenlernt, bei dem er sich wohlfühlt, er sich nicht mit jagdlichen Reizen beschäftigt und er stattdessen etwas (einigermaßen) Ruhiges tut.

dass es auch etwas anderes als „Vollgas" gibt. Bereits im Welpenalter solltest du deshalb mehrmals pro Woche Spaziergänge mit gemeinsamen Pausen etablieren (siehe Seite 101 f.). Es ist dabei nicht sinnvoll, den Hund beispielsweise immer wieder ins Platz zu schicken, oft schafft das eine noch größere Erwartungshaltung beim Hund und du schubst die Erregung weiter nach oben. Nur weil ein Hund ruhig im Platz liegt, kann er trotzdem angespannt wie ein Flitzebogen sein, und genau das wäre kontraproduktiv.

IMPULSKONTROLLE

Als Jagdnasenbesitzer kommt man zwangsläufig schnell mit dem Thema Impulskontrolle in Kontakt, denn Zurücknehmen ist eine wichtige Fähigkeit für impulsive Jagdhunde. Bereits der kleine Hund sollte lernen, dass es lohnenswert ist, sich zurückzunehmen. Dies sollte immer fürstlich belohnt werden. Allerdings sind hier drei Dinge wichtig:

- Impulskontrolle ist nicht abstrakt erlernbar. Dein Hund kann nur lernen, sich in konkreten Situationen zurückzunehmen. Nur weil er beispielsweise am Futternapf warten oder sich im Spiel beherrschen kann, kann er dies nicht automatisch am Eichhörnchen.
- Impulskontrolle ist eine endliche Ressource. Das heißt, dein Hund kann sich über den Tag nicht unbegrenzt zurücknehmen. Du musst Prioritäten setzen, wo Selbstbeherrschung nötig ist und wo du es deinem

Hund vielleicht (auch durch Management) einfacher machen kannst. Wenn dein Hund sich schon zwei- bis dreimal zurückgenommen hat, wird es ganz sicher ein viertes Mal nicht mehr funktionieren!

- Impulskontrolle ist in der Jugendentwicklung schlechter abrufbar. Junge Hunde können sich aufgrund des „Gehirnumbaus" in dieser Zeit schlechter beherrschen und sind impulsiver. Zu dieser Zeit solltest du darauf achten, den Alltag so zu strukturieren, dass der Hund nicht dauerhaft Impulskontrolle aufbringen muss, und jedes Zurücknehmen gut belohnen und im Training sehr kleinschrittig vorgehen.

Die effektiven Übungen in Bereich Impulskontrolle sind Hinschauen zum Auslöser und Wild-TV (siehe Seite 110).

Gemeinsames Schauen beugt unerwünschtem Verhalten vor. (Foto: DBasler)

Schreckgespenst Pubertät

Wird aus dem Welpen ein erwachsener Hund, durchläuft dieser, wie auch Menschenkinder es tun, einen Prozess, den man wissenschaftlich wohl besser als Jugendentwicklung bezeichnet. Viele Welpenbesitzer schaudert es bei dem Gedanken an die Hundepubertät, liest man doch in der Literatur immer wieder, dass der noch vor kurzer Zeit so niedliche kleine Welpe nun in seiner „Sturm-und-Drang"-Zeit seine Grenzen austesten und sich in der Rangfolge nach oben arbeiten möchte. Diese Aussagen tun dem Hund unrecht und führen dazu, dass Hundehalter aus Angst, die Kontrolle zu verlieren, unüberlegt ihr Verhalten ändern, oftmals sogar ohne Grund strenger und gröber werden. Denn genau in dieser Zeit ist der junge Hund meist viel sensibler gegenüber Außenreizen und kann aufgrund von Umbauprozessen im Gehirn Gelerntes nicht mehr gut abrufen. Er verhält sich also nicht anders, weil er seine Grenzen austesten möchte, sondern weil sein Gehirn gerade eine Großbaustelle ist. Gespeicherte Inhalte abrufen und Selbstregulation werden für das jugendliche Gehirn nun schwierig, Anpassung an neue Situationen ebenfalls. Der junge Hund ist emotionaler und wird schneller Angst- und Aggressionsverhalten zeigen. Dies gehört zur normalen Entwicklung dazu und hat nichts mit unserer Beziehung zum Hund zu tun. Vielmehr sollten wir diese Entwicklung liebevoll, wohlwollend und überlegt begleiten. Bist du unsicher, hole dir professionelle Unterstützung, die wohlwollend der pubertierenden Jagdnase entgegentritt und ein gutes Lernumfeld schafft.

Mythen zum Thema Jagdhund

Über Jagdhunde hört man eine Menge an Mythen und Pauschalempfehlungen, die das Zusammenleben mit einem kleinen Jagdhund erschweren können. Deswegen ist es wichtig, Trainings-„Tipps" aus Facebook-Gruppen, von Züchtern oder von Gassibekanntschaften immer kritisch zu überprüfen, zu hinterfragen und sie nicht einfach auszuprobieren. Junge Hunde, die zum Versuchskaninchen werden und kein strukturiertes Training erfahren, werden viel schneller Verhaltensprobleme entwickeln. Je mehr schon „probiert" wurde, desto aufwendiger wird das Training an diesen Themen. Als Anhaltspunkt findest du hier die wichtigsten Mythen:

Lass deinen Welpen ein Jahr nicht von der Leine, dann wird er danach kein Jagdverhalten zeigen!

Ein ganz klares Nein! Diese Aussage ist schlichtweg falsch. Das Jagdverhalten, das ein Hund zeigt, ist immer eine Mischung aus Lernerfahrungen und genetischer Vorgabe. Ein Hund, der nie jagdlichen Reizen ausgesetzt wird, wie etwa ein Labor-Beagle, der zeit seines Lebens nur Innenräume kennengelernt hat, dem fehlen alle Lernerfahrungen in Sachen Wild. Er wird aber trotzdem, wenn er auf eine frische Spur kommt, jagdliches Interesse zeigen, da dies genetisch fixiert ist. Dennoch hat die Aussage auch ein Fünkchen Wahrheit, denn mit einem Hund, der bereits viele jagdliche Erfahrungen gemacht hat, wird das Training hin zu entspannteren Spaziergängen natürlich viel schwieriger. Das gilt nicht nur für das Hinterherhetzen von Wild (was auf keinen Fall passieren sollte!), sondern hängt auch davon ab, wie viel Erregung und Frust dein Hund bereits mit jagdlichen Reizen verknüpft hat. Riecht dein Hund im Wald viel Wild, zieht er an der Leine und ist aufgeregt, ist das ebenso kontraproduktiv wie das Hinterherrennen ohne Leine.

Genauso solltest du aber ein Auge auf die Bedürfnisse deines Hundes haben: Einen Welpen oder einen jungen Hund nur an der kurzen Leine zu halten führt zu Frust und Stress, und das wiederum verschlechtert die Ansprechbarkeit. Mehr unerwünschtes Jagdverhalten ist die Folge.

Welpen haben einen Welpenfolgetrieb!

Ja, viele junge Welpen folgen dem Menschen, weil die Welt für sie noch sehr beeindruckend ist. Aber es gibt große Unterschiede, wie sie sich im Lauf der Entwicklung für ihre Umwelt interessieren. Das Interesse und auch das jagdliche Interesse kann so früh beginnen, dass bereits ein zehn Wochen alter Welpe im Unterholz verschwindet, um zu schauen, was die Rehe dort so machen … Genau deswegen ist es so wichtig, dass du deinen Welpen aufmerksam beobachtest und die Umwelt gut einschätzen kannst, wenn du ihm Freilauf gewährst. Es ist deine Aufgabe, die Gratwanderung zwischen Freiheit und Sicherheit aus-

Manche Welpen zeigen schon früh Hetzverhalten und sind sehr unabhängig. (Foto: Shutterstock/IvanovaN)

zuloten und im Zweifelsfall lieber die Sicherheit zu wählen.

Der will nur spielen, und der erwischt den Hasen doch eh nicht …

Ein Hund ist ein Beutegreifer und er hat alle Fertigkeiten und Fähigkeiten, seine potenzielle Beute auch zu greifen. Mit dem Thema Jagdverhalten sollte man also nicht leichtfertig umgehen. Für das Wildtier kann bereits eine kurze Hatz in futterknappen Zeiten so erschöpfend sein, dass es daran stirbt, auch wenn der Hund es nicht erwischt hat.

Dein Hund darf niemals Spielzeug hetzen, sonst wird der Jagdtrieb schlimmer!

Wie bereits vorher erklärt, kann dein Hund sehr wohl zwischen Ball und Hase unterscheiden. Wenn er Hetzen in seiner genetischen Grundausstattung mitbekommen hat, dann wird dieses Verhalten da sein, egal ob er es übt oder nicht. Anstatt Hetzspiele komplett zu streichen, solltest du sie richtig aufbauen, ein Vor- und Nachspiel einbauen und deinem Welpen helfen, mit der Erregung langsam wieder runterzukommen (siehe Seite 86). Dasselbe gilt für Zerrspiele.

(Foto: Ines Scheuer-Dinger)

DANKSAGUNG

Vielen Dank an meine Familie, die mich beim Schreiben immer und immer wieder so toll unterstützt, allen voran danke ich meinem Vater für die unermüdliche Hilfe beim Überarbeiten. Danke an meine Vierbeiner Lotti, Mesmo und Finni, ohne die ich heute nur halb so viel wüsste. Vielen Dank an meine Kolleginnen – der Austausch über die letzten Jahre war und ist so unglaublich wertvoll und inspirierend!

Allen voran Heike Benzing – danke für deine Geduld und deinen tollen Input. Danke an Anne Bucher, Esther Follmann, Dagmar Zeitner und Carmen Scherb. Danke auch an Anja Fiedler, Katrin Voigt und Dr. Ute Blaschke-Berthold, die mir bereits vor vielen Jahren mit meinen eigenen Welpen „blinde Flecken" gezeigt und mich unterstützt haben. Und danke an meine Kunden und deren Hunde, von denen auch ich so viel mitnehmen kann.

Ines Scheuer-Dinger

STICHWORTREGISTER

(Foto: Shutterstock/SerovaEkaterina)

Madeleine und Rolf C. Franck

DAS BUCH FÜR HUNDEELTERN

Niemand muss für seinen Hund den „Rudelführer" spielen, auch wenn viele Hundehalter diese veralteten Ansichten noch im Hinterkopf haben. Die Aufgabe von liebevollen Hundeeltern liegt vielmehr in der Übernahme von Verantwortung – für die Erfüllung der Bedürfnisse des Hundes, ebenso wie für seine gute Erziehung. Nur wenn wir die Emotionen des Hundes berücksichtigen, ermöglichen wir effektives und positives Lernen. Erst auf der Grundlage eines ausgeglichenen Wohlfühlbudgets ist er in der Lage, sich „brav" zu verhalten, Selbstkontrolle zu entwickeln und mit unserer stressigen Alltagswelt zurechtzu kommen. Dieses Buch zeigt, welche praktischen Übungen den Hund zum zuverlässigen und entspannten Begleiter werden lassen, wie Hundebegegnungen freundlich ablaufen, wie eine vertrauensvolle Bindung zwischen Tier und Mensch aufgebaut werden kann.

128 Seiten / broschiert | 978-3-8404-2062-7

Auch als E-Book erhältlich

Ines Scheuer-Dinger

LEBEN MIT JAGDHUND

Mit wertvollen Tipps, Schritt-für-Schritt-Anleitungen und Praxisbeispielen trägt dieser Ratgeber zu einem entspannten, positiven Miteinander von Mensch und Jagdhund bei, egal, ob im Alltag in der Familie oder auf der Jagd. Jagdhunde haben aufgrund ihrer Selektionsgeschichte Eigenschaften und Bedürfnisse, die sie in mancher Hinsicht von anderen Hundetypen unterscheiden. Im Alltag als Familienhund ist es nicht immer einfach, diese Bedürfnisse mit unserer Umwelt unter einen Hut zu bekommen.

80 Seiten / broschiert

ISBN 978-3-8404-2525-7

Auch als E-Book erhältlich

Ines Scheuer-Dinger

ABGELEINT

Fast jeder Hundebesitzer wünscht sich, seinem Hund Freilauf ohne Leine zu ermöglichen. Selbst wenn der Gehorsam angeleint klappt, warnt oft die eigene Intuition davor, es ohne Leine zu versuchen. Besonders dann, wenn man schon mal hilflos zusehen musste, wie der Hund am Horizont verschwindet, herrscht Unsicherheit: Was tun, wenn der Vierbeiner sich unangeleint mehr für Artgenossen als den eigenen Menschen interessiert? Was, wenn er lieber die Kaninchenspur verfolgt?

96 Seiten / broschiert

ISBN 978-3-8404-2516-5

Auch als E-Book erhältlich

Nina Sauer

MENSCH, FRAG MICH DOCH EINFACH!

Warum eigentlich wälzen sich Hunde genüsslich im Dreck? Was bringt sie dazu, an der Leine zu pöbeln, unschuldige Besen zu begatten, Fahrräder zu jagen oder am Gartenzaun zu bellen? Wie nehmen die Vierbeiner die Welt wahr? Sind Aggression und Dominanz tatsächlich ihr Wolfserbe? Können sie Stimmungen riechen und Fernsehbilder verstehen? Wie funktioniert Hundelogik, und warum klappt's nicht mit dem neuen Kommando?

176 Seiten / broschiert

ISBN 978-3-8404-2063-4

Auch als E-Book erhältlich

Steffi Rumpf

ENTSPANNT LEBEN MIT HUND

Auf Seminaren, in der Hundeschule und auch auf Turnieren sieht man in den letzten Jahren zunehmend Hunde, die ständig unter Strom stehen und entweder nie gelernt oder aber verlernt haben, sich zu entspannen.Teilweise sind auch die Besitzer in bester Absicht die Beschäftigungsfalle gestürzt und erleben selbst das Zusammensein mit dem Hund nicht mehr als Entspannung und Freizeit, sondern als Zeit, in der der Hund ausgelastet werden muss.

80 Seiten / broschiert

ISBN 978-3-8404-2527-1

Auch als E-Book erhältlich

CADMOS im CADMOS Verlag www.cadmos.de

Cadmos Verlag GmbH | Englmannstraße 2 | D-81673 München | Tel.: +49 (0) 89 451 08 51-00 DW | E-Mail: vertrieb@cadmos.de